打造名牌質感手作包

飛天手作

目錄

Part 1 材料介紹與配件作法

Part 2 端莊時尚－自信OL款

CONTENS

　　女生跟包包總是脫離不了關係，就像衣櫥的衣服一樣，多一個包不嫌多，少一個包就像缺了點什麼。但是在市面上買的包，總是有與人撞包的風險，我想這是所有女生不樂意見到的狀況，所以，有車縫經驗的同好們，就想要自己選擇布匹，車縫屬於自己獨一無二的包款，那就是由美編寫這本書的原意之一。

　　這本布包工具書內的包都是自己製作的提把與背帶，有別於一般作布包的同好，都是買現成的提把來裝。其實這也是很無奈的，一般布作同好家裡不會有車真皮的縫紉機。所以也沒辦法自己做提把，不過由美從第一個布包就是自己做提把，感覺這樣才會覺得這個包從頭到尾都是自己完成的，可能我的要求比較高吧！

　　所以由美這本布包工具書裡，有提到如何車縫包包的真皮提把，還有使用手縫來縫製提把，就算你現在沒有車真皮的重型縫紉機具，也許有天買了重型縫紉機具，那就可以參考書本內文來車縫了。

　　這本書上的包款有關皮質的部分是用超纖合成皮製作，因為考慮到一般同好家裡只有車布的縫紉機，而超纖合成皮革是可以使用車布的仿工業車來製作的。

　　超纖合成皮其結構和天然皮革的網狀層極其相似，耐折強度、耐磨度、吸濕性、舒適性可以和天然皮革相媲美，有別於普通的PU合成皮，用來與布包搭配是不錯的選擇，也是在本書中我常常使用到的材質。

　　書上的包款也可以完全使用布材質完成，做法由美有融合了布包和皮包的作法，讓大家瞭解一些真皮包款的製作方式。

　　雖然市面上可以找到很多手縫皮件的書籍，卻很難找到機縫皮件的教學書籍，我跟出版社的編輯討論過這個問題，他說機縫皮件包包的製作難度很高，市場太小了，所以才會找不到機縫皮件包包的書，這也是現今手作包市場中的缺憾。

　　有機會的話，由美再來教大家如何製作真皮皮包，也期待這本工具書，能夠讓同好在布作與皮作包款中取得平衡點，製作出更多美麗又有個人風格的各式包款。

由美

Part 1

材料介紹與配件作法

製作皮件時所須的材料介紹；常用內裡口袋的作法；真皮提把與肩背帶縫製流程。學會皮革配件製作，就能完成一手包辦的名牌質感手作包。

常用材料介紹

欲購買材料或五金配件可至
http://www.coolrong.com.tw/categories
由美手作工房選購

強力膠

適用於皮革、橡膠、金屬、布料等
多用途之接著，可用甲苯稀釋。

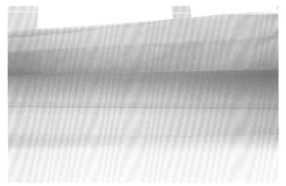

皮糠

可用於包包／皮具／皮鞋／家具等皮革。
成品中輔助材料，如加強包包底板、提把補強、皮
革太軟補強、書本封面補強，也可用於布包。皮糠
材質有彈性、堅韌、抗濕能力和耐水、耐折、耐
腐，可取代紙板。可直接用強力膠貼在皮上，用保
麗龍膠貼在布上，但布須先貼上自黏不織布膠才不
會滲出。

自黏無紡布

自黏單面背膠，用於真皮／防水布／仿皮布和不能
燙襯的布，如毛料尼龍布等。適合大包包，讓包包
變得很挺，又不會很硬。單面帶膠，可直接貼在布
上或皮上。

EVA自黏泡棉

自黏單面背膠，用於真皮/防水布/仿皮布和不能燙襯
的布，如毛料尼龍布等。適合大包包，讓包包變得
很挺，又不會很硬。單面帶膠，可直接貼在布上或
皮上。

皮革提把用的加強PVC

可貼於合成皮／真皮提把，背面加強用。

常用口袋製作

❋ 一字拉鏈口袋

1 取裡袋身，和1片寬7cm×拉鏈長度＋5cm長的裡布，正面相對，畫上拉鏈寬度1.4cm，長度依實際拉鏈長度，中間0.7cm再畫一條線。車縫外框線後，左右畫2個V，再將中間線剪開，V的地方也要剪，剪到底，不要剪到車縫的線。

2 把車剪好的布翻到背面，翻好整燙一下，拉鏈正面貼上專用的水溶性雙面膠。

3 從背面貼好，圖示為貼好拉鏈的樣子。再放上口袋布，放好翻回正面，注意布的長邊是向上的，先車縫拉鏈下方那一道線。

4 車好翻到背面，將口袋翻下來整燙，再把翻下來的布，往上翻蓋到拉鏈上方，整燙一下。

5 翻回正面，車拉鏈上方和兩側，車縫∩字型。

6 翻到背面就有∩字型車線。再車縫口袋左右兩邊，車好即完成。

❋ 貼式口袋

 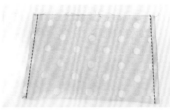 

1 將長方形裡布折1.5cm寬2次，整燙一下。

2 再正面對正面對折，車縫左右兩邊。

3 翻到正面的樣子。

4 上方剛折的地方往另一面折，並整燙一下，車縫上方壓線。

5 擺放到裡袋身上，車縫∪字型，起頭和結尾處都要補強車縫三角形固定。

皮革提把與肩背帶製作

❋ 真皮提把（一）與肩背帶

1 **提把與肩背帶材料**：使用1.5mm厚度有點硬的牛皮、貼好雙面的短提把2×32cm、貼好雙面長肩帶（短2×32cm和長2×95cm各1條）、2個固定皮戒子、束口帶3×75cm、束口固定環3×5.5cm、4個2cm的掛勾、1個2cm針扣。

2 束口固定環3×5.5cm牛皮，兩邊對折往中間，再車縫或手縫一直線。

3 將束口帶，3×75cm牛皮削成0.8mm厚度。

4 上下貼上雙面膠，往中心對折貼好後再對折，用膠槌打平或滾輪滾過。

5 車上車線，兩端剪一小塊牛皮包住，打上小鉚釘。

6 **短提把作法**：2片1.5mm厚度的牛皮，2cm寬（需放大開成2.6cm寬，貼好2片後再裁成實際寬度，這樣裁出牛皮邊緣才不會有膠），牛皮如是硬度比較硬的，中間不須貼皮糠，直接2片塗上強力膠，待半乾時2片對貼，用膠槌打平或滾輪滾過。

用菱斬打上洞，線雙頭穿好針，穿過第一個洞後，再來就是平縫法，一邊交互交叉2支縫針，縫到最後2針回針縫，麻繩塗好白膠塞到洞裡，如使用尼龍繩的可用打火機燒過即可。

7 若有車牛皮的縫紉機，可用車縫的方式。

短提把使用示意圖。

8 短提把，在兩端打上掛勾即完成。

9 **長肩帶作法：**先做好2個皮戒子環備用，戒子環是1×5.5cm牛皮對折成環狀，用固定拉鏈的下止直接固定即可。短邊打上針扣固定的洞口，套上針扣和1個皮戒子環，再打上鉚釘，另一邊套上戒子環打上掛勾。

長肩帶使用示意圖。

10 長邊一邊打上掛勾，一邊打上你要穿針扣的洞口（5～8個洞），再穿上短邊即完成長肩帶。

❀ 真皮提把（二）

1 牛皮提把依版型放大3mm，用水銀筆畫線裁下。（水銀筆是可用清洗筆清除掉的一種筆）

2 PVC依版型不用放大開，用水銀筆畫線裁下。（PVC是做包包提把補強厚度和硬度用的一種材料。）

3 裁好的牛皮和PVC。

4 牛皮和PVC背面都需塗上強力膠（皮的黏合方法是需2面都塗上膠），塗好後半乾的狀態下，牛皮和PVC對黏。

5 黏好的提把，用膠槌，槌打過，這樣的附著力會比較好。

6 待乾後用削皮機，把提把背面邊緣沿著約1cm的地方削薄，（皮的厚度約1.5mm，PVC的厚度也約1.5mm。把邊緣削成約1.5mm厚，就形成中間約3mm，邊緣1.5mm），這樣對黏時才不會太厚。

7 削好的樣子。

8 皮前端依版型放大3mm裁下，把整片厚度約1.5mm的皮，削成約1mm厚度。

9 皮前端和提把都塗上膠對黏。

10 翻到正面，依實際的版型用水銀筆畫下。

11 依實際的版型大小裁好提把。

12 打洞工具：黑色的是菱形斬，銀色是法式斬，可依個人喜好去選擇。

13 可在版型上先打上洞孔，用錐子戳在皮上做記號，再用菱斬打洞，就不會打的洞沒在頂點和相關位置上了。

14 用菱斬打洞時，下方需墊一塊膠板。

15 運用1/2/4/6的菱斬打洞，轉角的地方用2的菱斬打洞。

16 打好洞的提把。

17 沿著削薄的邊緣，塗膠。

18 對折黏好，依圖示用強力夾固定，靜待乾後，再取下強力夾。

19 用車皮縫紉機沿著提把邊緣車好。

20 若沒有車皮用縫紉機，可用菱斬打洞後，手縫固定。

21 蠟線手縫線，穿法。

22 手縫雙針縫。

23 第一針線穿過兩邊後，雙針再交叉縫下一個洞。

24 可用夾皮工具輔助會比較好縫。

25 塞在手把內的棉線。

26 用鐵絲對折穿過提把，勾住棉線。

27 將棉線拉向另一頭。

28 提把邊緣，用細沙紙，打磨平。

29 再順著邊緣塗上邊油。

30 邊油乾後，再用細沙紙打磨，這個動作須重複4～5次，直到認為邊油夠光滑為止。

Part 2

端莊時尚‧自信OL款

工作佔了人生大部份的時間，需要各款樣式的包包豐富生活，讓妳保持自信光彩，不論是工作出差或約客戶談生意，都能漂亮的達成目標。

白牆上的彩繪磚
雙拉鏈包

像是看見純白牆面上拼貼出黃綠色系彩繪磚的景緻般，
讓人忍不住佇足欣賞。

側身磁釦設計，兼具實用與美觀的特性。

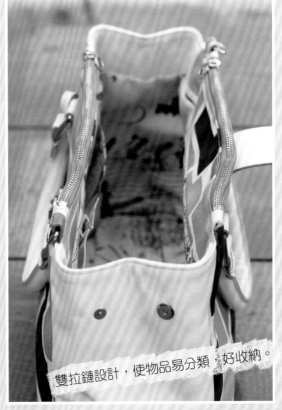

雙拉鏈設計，使物品易分類，好收納。

使用方式／側肩背、手提

完成尺寸

寬 35cm × 高 25cm × 底寬 13cm

難易度／＊＊＊＊

Materials 紙型Ⓐ面

用布量：（表）印花帆布3尺、（表）白色合成皮1尺、（裡）斜紋棉布3尺。

裁布：★紙型已含縫份，印花帆布貼自黏鋪棉，白色合成皮／斜紋棉布不燙襯。

部位名稱	尺寸	數量	備註
表布			
前後袋身	紙型	2片	印花帆布
夾層拉鏈口袋	27×54cm	2片	印花帆布
左右側身	紙型	2片	白色合成皮
袋底	11×36cm	1片	白色合成皮
裡布			
前後內上貼	紙型	2片	表布顏色
前後下身	紙型	2片	
左右側身內上貼	紙型	2片	表布顏色
左右側身下	紙型	2片	
袋底	12×36cm	1片	
貼式口袋	28×35cm	1片	
一字拉鏈口袋	23×7cm	1片	
一字拉鏈口袋	23×36cm	1片	使用18cm拉鏈
皮件			
提把	紙型	2片（放大開）	拖pvc
提把飾片	紙型	4片（放大開）	拖皮糠黏好後裁成正確尺寸
長肩帶	1.8×95cm	2片（放大開）	中間拖皮糠黏好後裁成正確尺寸
短肩帶	1.8×32cm	2片（放大開）	中間拖皮糠黏好後裁成正確尺寸
針扣用戒子	1×5.5cm	2片	
皮蓋	紙型	2片（放大開）	中間拖皮糠黏好後裁成正確尺寸
裝鑰匙皮飾a	紙型	1片	
裝鑰匙皮飾b	0.8×30cm	2片（放大開）	黏好後裁成正確尺寸

◎註解：（放大開）（中間拖皮糠黏好後裁成正確尺寸）：皮依版型周圍放大3mm裁下，中間貼好皮糠後，再貼上另一片皮，這時都是放大3mm的尺寸，貼好3層（皮＋皮糠＋皮），待乾後，再依正確的尺寸裁下。這樣裁下的皮肩帶邊緣才會漂亮整齊，不會有殘膠。

其它配件：（5號）23.5cm金屬拉鏈2條、（3號）18cm塑鋼拉鏈1條、2.5cm口字五金4個、2cm針扣五金1個、2cm大勾釦2個、1cm小D環2個、五金鎖頭1個、8×10mm鉚釘11個、1mm厚皮糠少許。

How To Make

❋ 製作袋身

1 取表前袋身貼上不含縫份的自黏鋪棉。

2 剪3.2×2.5cm的合成皮2片,包住23.5cm拉鏈頭尾兩端,並車縫固定。

3 拿出貼好自黏鋪棉的表袋身和夾層拉鏈口袋夾車拉鏈。

4 翻回正面,壓線一道固定。

5 夾層拉鏈口袋另一邊往上翻,和裡布內上貼夾車另一邊拉鏈。

6 翻到背面,將夾層拉鏈口袋布車縫兩側固定。(不要車到袋身)

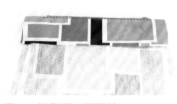

7 一樣翻回正面壓線。

8 前袋身完成示意圖。

9 同上述作法完成後袋身製作。

❋ 製作袋底與側身

10 表袋底合成皮貼上皮糠後,上下長邊內折包住。

11 擺放至表前袋身底部,用雙面膠暫時固定,再壓線車縫在表袋身上。同作法完成後袋身的車縫。

12 取左右側身,上方縫份往下折用雙面膠黏貼好。

13 側身和袋身側邊對齊好，用夾子固定後車合。

14 同作法完成另一側身車縫。

15 翻回正面示意圖。

16 左右側身由上往下4cm，兩邊進來5.5cm處，分別裝上1組磁釦。

17 裡左右側身內上貼，和裡前後內上貼用夾子固定好後車合。

18 裡側身內上貼車合好後，上方縫份往下折，並用雙面膠黏貼好。

19 在還沒車上裡袋身前，先把提把飾片和鎖頭裝好在前後表袋身上。

20 提把飾片後面加上皮糠強度才夠，打鉚釘固定。

21 鎖頭皮扣先車縫固定在後袋身紙型標示位置處。

❋ 製作裡袋身

22 鎖頭後方也加上皮糠一起固定。

23 裡前後下身，分別完成貼式口袋和一字拉鏈口袋車縫。

24 裡袋底和側身下與前後下身對齊車合好（袋底記得留返口）。

❋ 組合袋身

❋ 製作D扣帶

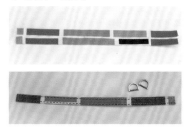

25 拿出表袋身,將裡布內上貼往外翻,與裡袋身正面相對套合,內上貼再與裡袋身對齊車合一圈。

26 從裡袋身袋底返口翻到正面,整理好袋型。

27 裁4×16cm作D扣帶,兩長邊往中心對折燙平。再對折一次後壓臨邊線固定。

28 將小D環穿入扣帶,對折後一端需多出1cm,車縫中間一段固定。

29 將D扣帶裝到袋口拉鏈頭尾端旁的位置。

30 一個固定在前袋身拉鏈尾端旁,另一個固定在後袋身拉鏈頂端旁。

❋ 製作皮配件

31 先將扣帶用雙面膠暫時固定,側身也用雙面膠固定好後車合側身。

32 提把的口字五金是有開口的,所以可以先做好提把再裝上。(如果你的口字五金沒有螺絲,就要先和提把裝好)

33 提把做法請參考P10。提把裝上口字五金手縫縫好。

34 長肩帶的作法和水桶包長肩帶一樣。(請參考P8)

35 取裝鑰匙皮飾a,對折後車合左右二邊,上方裁橫向1cm切口。

36 再取裝鑰匙皮飾b,壓線一圈,上方往下1.5cm處中間切一道長約6cm的缺口,塗好邊油,掛上即完成。

亮麗吸睛胭脂紅
絲巾包

胭脂紅象徵女性美麗與自信，搭配柔美的絲巾點綴，
散發著堅強中帶著溫柔的迷人魅力。

絲巾交錯垂墜，增添自然率性感。

絲巾綁成甜美蝴蝶結，增添女性魅力。

使用方式／手提、手挽
完成尺寸
寬 33cm× 高 25cm× 底寬 15cm
難易度／✿ ✿ ✿

Materials 紙型Ⓐ面

用布量：（表）紅色尼龍布2尺、咖啡色尼龍布1尺、（裡）印花帆布3尺、1.2mm厚皮糠少許。

裁布：★紙型已含縫份，尼龍布不燙襯。（想讓包挺可貼有背膠的自黏泡棉）

部位名稱	尺寸	數量	備註
表布			
前袋身	紙型	1片	
後袋身上	紙型	1片	
後袋身下	紙型	1片	
側身	紙型	2片	
袋底	紙型	1片	
袋蓋	紙型	2片	
扣環布（戒子）	5×7cm	1片	
斜布條a	3×30cm	4片	
斜布條b	3×120cm	1片	
裡布			
前後袋身上	紙型	2片	表布顏色
前後袋身下	紙型	2片	
側身上	紙型	2片	表布顏色
側身下	紙型	2片	
袋底	紙型	1片	
一字拉鏈口袋	24×7cm	1片	
一字拉鏈口袋	24×36cm	1片	使用18cm拉鏈
貼式口袋	22×34cm	1片	
1.5mm厚牛皮			
提把	紙型	2片	拖PVC

◎註解：（拖PVC）：PVC（聚氯乙烯）的合成塑膠聚合物，補強提把用。

其它配件：（3號）塑鋼拉鏈18cm長1條、長型橢圓五金2個、磁釦1組、5mm粗棉繩8尺、絲巾1條、腳釘5個。

How To Make

❀ 製作袋蓋

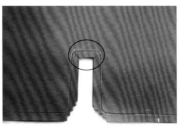

1 取2片袋蓋正面相對，依圖示畫線位置車縫0.7cm縫份，圓角處剪牙口。

2 內凹的圓角處左右各剪一刀，翻回正面才會服貼。

3 翻回正面後沿邊車縫0.2cm壓線，並依紙型標示位置安裝上磁釦。

4 取表後袋身上和下片，正面相對夾車袋蓋。

5 取扣環布，背面上下貼雙面膠，兩邊往中心折再對折，正面沿邊壓線。

6 袋蓋依紙型標示在兩側的位置先挖洞。

7 裝上長型橢圓五金；中間處車縫上扣環布固定。

❉ 製作表前後袋身

8 將所有斜布條都包夾5mm粗棉繩車縫好。

9 將4條短的包繩出芽，疏縫到表前袋身和後袋身的左右兩邊。

❉ 接合表袋身

10 表前袋身和表後袋身依紙型畫上提把位置記號，並將提把貼雙面膠固定在袋身上。

11 可以使用工業車車縫提把，沒有的話用手縫縫上提把。

12 前後表袋身和表側身正面相對車合，完成兩側。

13 表袋底外圍疏縫包繩出芽，車到最後時，先用手縫縫好棉繩的相接處，再繼續車合。

14 將袋底與袋身底部對齊車縫，翻回正面後袋底黏上1.2mm厚皮糠。（用強力膠或保麗龍膠黏合）

15 袋底依紙型位置先打上腳釘，共5顆。

❋ 製作裡袋身

16 取裡前後袋身上和下車合，裡側身上和下也都先車縫好，翻回正面，縫份倒向下壓線。

17 裡前後袋身分別車好一字拉鏈口袋和貼式口袋。（裡袋身的口袋可依個人需求製作）

❋ 組合袋身

18 裡袋身接合和表袋身作法相同，先車縫裡側身後再接合裡袋底，袋底處留一段返口。

19 表裡袋身正面相對套合，袋口處對齊，夾子固定好後車縫1cm縫份一圈。

20 從裡布返口翻回正面，袋口整理好後，沿邊車縫0.2cm壓線。

21 穿入絲巾綁好後即完成，共有2種穿法。

經典不敗千鳥紋
肩背包

毛料的千鳥格紋高貴又時尚，運用包黑邊的設計
使外觀造型刻畫的更立體有質感。

使用方式／手提、肩背
完成尺寸
寬 36cm× 高 20cm× 底寬 13cm
難易度／✽✽✽✽

Materials 紙型A面

用布量：（表）黑色1.5mm厚合成皮1尺、（表）花色毛料布2尺、素黑色毛料布1尺、（裡）尼龍布1尺。

裁布：★紙型已含縫份，表布貼無紡布有些加厚鋪棉，裡布尼龍布不燙襯。

◎自黏的無紡布先依紙型含縫份剪下，貼在毛料表布上再剪下，因為毛料布不能燙襯，所以需用自黏的無紡布貼上，增加挺度，也比較好剪裁。（右圖第1張）

部位名稱	尺寸	數量	備註
表布			
前後袋身	紙型	2片	花色毛料布
側身	紙型	4片	素黑色毛料布
側身斜布條a	4.5×20cm	2片	素黑色毛料布
側身斜布條b	5×80cm	3片	素黑色毛料布（接成1條）
裡布			
袋身內上貼	紙型	2片	花色毛料布
前後袋身下	紙型	2片	尼龍布
貼式口袋	21×30cm	1片	
一字拉鏈口袋	20×7cm	1片	
一字拉鏈口袋	20×30cm	1片	使用16cm拉鏈
合成皮（黑色1.5mm厚合成皮）			
拉鏈飾片	紙型	1片	貼上皮糠
提把	紙型	4片	放大開3mm
針扣皮片	紙型	4片	放大開3mm
戒子皮片	1×6cm	4片	
中間皮蓋片（長）	62×5cm	1片	放大開3mm（有紙型）
中間皮蓋片（短）	25×5cm	1片	放大開3mm（有紙型）

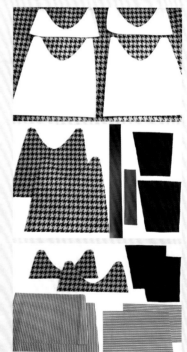

◎註解：（放大開3mm）：皮依版型周圍放大3mm裁下。

其它配件：16cm塑鋼拉鏈1條、2cm針扣4個、鎖扣五金1組、塞提把用棉繩少許、粗棉繩。

How To Make

❋ 製作裡袋身

1 取裡袋身內上貼，背面貼上自黏無紡布，再依紙型剪下，和裡袋身車合，縫份倒向下方在正面壓線，最後車縫上貼式口袋。

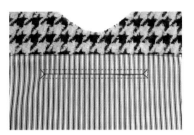

2 在合成皮上畫出拉鏈飾片，背面貼上皮糠，加強硬度和厚度，貼好皮糠後再依正確的尺寸裁下。

3 在另一片車好的裡袋身上，畫出一字拉鏈口袋，並依圖示畫藍線處剪開。

4 再將布往內折，形成拉鏈開口，用雙面膠黏貼上拉鏈，最上面黏上拉鏈飾片，先車縫外圍一圈。

5 背面放上拉鏈口袋布，如圖示向上放，下邊緣對齊拉鏈飾片下方。正面車縫拉鏈下方一道。

6 將背面口袋往下折，再往上折對齊拉鏈飾片上方，翻回正面車縫拉鏈上方∩字型。

❋ 製作前袋身與皮片扣

7 取表前後袋身，2片正面相對，下方車縫1cm縫份。

8 背面貼上自黏的鋪棉後，縫份燙開，翻回正面壓線。

9 取針扣皮片，背面貼薄豬皮或薄皮糠補強，黏好裁成正確尺寸，打出針扣的洞，先車縫上半部。再裝上針扣，套入車好的戒子皮片。（皮戒子做法參考P9步驟9）

10 總共完成4份，對折後先用雙面膠固定。

11 再放到表袋身上，沿著邊緣車合針扣下半部。

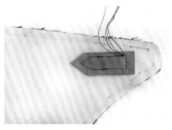  

12 背面需放上薄皮糠一起車縫補強，完成4份針扣的車縫。

13 取中間皮蓋片長和短，先塗好強力膠雙面黏合後裁出正確尺寸，依紙型標示位置裝上鎖扣（母扣），前端處沿著邊緣車合0.2cm。（車在表袋身上的不需貼成雙面）

14 先在表袋身中間處貼上雙面膠，再將中間皮蓋片放上黏合。

✽ 製作側身

15 沿著皮蓋片邊緣車縫0.2cm在表袋身上。另一端也依紙型標示裝上鎖扣（公扣）。

16 側身先剪比實際尺寸還要稍大一點，車好壓線後再修成正確尺寸。斜布條是車好壓線時要包車上方用的。

17 將2片側身中間夾鋪棉，依紙型先畫出線條，再依線條車出壓線。

18 取斜布條a車縫在側身上方，折好包住縫份後用藏針縫縫好。

19 側身布下方和表袋身側邊中間夾好固定。

✽ 組合袋身

20 先車縫下方，再車左右，這樣會比較好接合。

21 取接好的側身斜布條b，沿著表袋身邊緣對齊，先用強力夾固定。

22 斜布條車好後，包住縫份折到背面，用藏針縫縫好，完成袋身。

23 取1.5mm厚合成皮，放上提把紙型，用銀筆畫放大3mm的提把裁片。

24 剪下提把後，背面貼上補強用尼龍膠帶。◎此提把就不拖PVC了，因為貼了雙層的皮強度已夠，只需前段用尼龍膠帶補強。

25 提把背面中間用強力膠塗好，2片背面相對黏合，待乾後把左右邊緣削薄。

26 再拿出紙型，畫出正確的尺寸，用美工刀裁下。（這樣做可以把黏雙面時露出的強力膠都裁掉）◎只要是用到貼成2面皮的作品都須先放大開，貼好後再裁成正確尺寸，作品才會乾淨漂亮。

27 提把左右兩側塗上強力膠，對折黏合後用強力夾固定。

28 提把前端（未對折處）沿邊壓線固定。

29 強力夾固定一段時間取下，車縫好提把後，中間塞入粗棉繩。◎棉繩的塞法和真皮提把一樣，請參考P12真皮提把（二）製作。

30 提把先打好洞，並上邊油，每上一層邊油就要用細沙紙磨過，再上邊油再磨，至少重複5次會比較漂亮。

31 將提把穿入表袋身的針扣即完成。

貴族氣質學士風
側肩包

皇室藍有不凡的氣息，能為你帶來尊貴的形象。
包款內可放入 A4 大小的文件或書本，上班族與學生都適用。

使用方式／肩背、手提

完成尺寸

寬 31cm× 高 22cm× 底寬 8cm

難易度／✳ ✳ ✳

Materials 紙型Ⓐ面

用布量：（表）0.8mm厚超纖合成皮2尺、（裡）斜紋棉布2尺。

裁布：★紙型已含縫份，合成皮貼泡棉，斜紋棉布燙薄襯。

部位名稱	尺寸	數量	備註
表布			
前袋身中間	紙型	1片	依紙型位置配色車成1片
前袋身側邊	紙型	2片	左右各1片
後袋身	紙型	1片	
側身	紙型	2片	
袋底	9×34cm	1片	
袋身泡棉	紙型	2片	2mm厚自黏泡棉
袋蓋	紙型	2片	
肩帶提把	85×2.5cm	4片	
裡布			
前後袋身下	紙型	2片	
前後內上貼	紙型	2片	
側身下	紙型	2片	
側身內上貼	紙型	2片	
袋底	9×34cm	1片	
一字拉鏈口袋	25×7cm	1片	
一字拉鏈口袋	25×32cm	1片	使用20cm拉鏈
貼式口袋	19×32cm	1片	

其它配件：（3號）塑鋼拉鏈20cm 1條、1mm厚皮糠、袋蓋鎖頭1組、五金拱橋（內徑2cm）4個。

How To Make

❋ 製作表袋身

1 前袋身依紙型位置配色車成一片。◎注意左右要正反裁，記得外加縫份。

2 翻回正面，縫份倒向兩側，正面車縫壓線。

3 表前袋身和表袋底正面相對車合，縫份倒向下，正面壓線固定。

❋ 製作裡袋身

4 表袋底另一邊和表後袋身車合，縫份倒向袋底，並在正面壓線。

5 將裡袋身下和裡內上貼車合，縫份倒向上，正面壓線。裡側身下和裡側身內上貼同作法車縫完成。

6 裡前後袋身分別車縫上一字拉鏈口袋和貼式口袋。（也可依你想要的內裡口袋製作）

  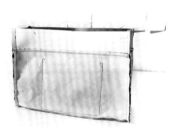

7 再和裡袋底車合，縫份倒向袋身，翻回正面壓線。

8 最後和裡側身正面相對車合，完成裡袋身，備用。

❋ 製作袋蓋和肩帶提把

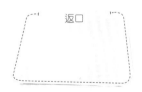  

9 取2片袋蓋正面相對車縫，留一段返口，並將四個圓弧處剪牙口。◎注意袋蓋是下寬上窄。（這裡的縫份是0.7cm）

10 翻回正面，用骨筆整理好形狀，並沿邊車縫壓線。◎注意上端不車壓線，待會要和表袋身一起車縫。

11 取肩帶提把4片，中間托皮糠，待乾後再裁成正確尺寸84×1.8cm，抹上邊油，共完成2條。

12 肩帶車縫壓線，注意前端5cm先不車，待會要和袋身一起車縫。

13 肩帶用雙面膠暫黏在表前袋身依紙型標示位置上，再車縫下方壓線固定。

14 同作法車縫後袋身的肩帶，再將袋蓋放到後袋身上車合，車縫0.2cm＆0.7cm兩道，可用雙面膠黏貼再車縫。◎雙面膠盡量黏在車縫時不會車到的地方，才不會跳線。

✽ 車合表袋身

15 翻到背面，前後袋身貼上不含縫份的自黏泡棉。

16 表側身與表袋身正面相對，沿邊對齊車合，完成兩側。◎此處不好車，要慢慢車縫。

17 表袋底黏上皮糠加強。◎請注意皮糠如果沒辦法黏的很平，可先黏上自黏泡棉，再黏皮糠，但要用保麗龍膠黏貼，因為泡棉怕強力膠喔！

五金拱橋

✽ 組合袋身

18 袋底再黏上泡棉。

19 前後袋身提把下方裝上五金拱橋和表袋身鎖頭。

20 將表、裡袋身上方縫份1cm處折向背面，用保麗龍膠先黏好。夾子固定，待保麗龍膠乾。

21 拆掉夾子後，黏上寬一點的雙面膠。

22 將表、裡袋身背面相對套合，袋口處對齊黏貼好，再車縫壓線一圈。◎注意不要車縫到袋蓋喔！

23 袋蓋依紙型標示位置裝上另一邊鎖頭即完成。

低調奢華紫藤色
長夾

具神秘魅力的紫色，是大部分女性喜愛的色彩，
加上簡單的色彩搭配，質感更為提升。

使用方式／手拿

完成尺寸

寬 19cm× 高 10cm× 底寬 2cm

難易度／

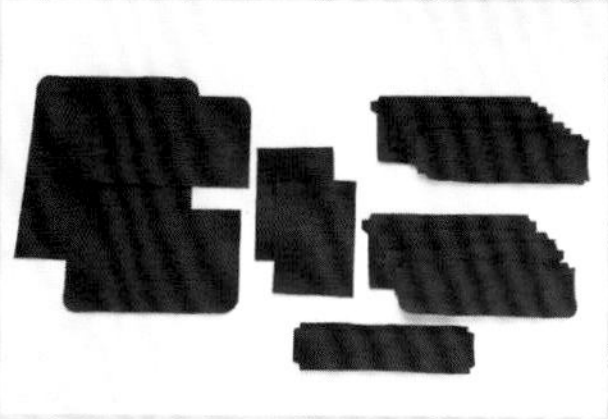

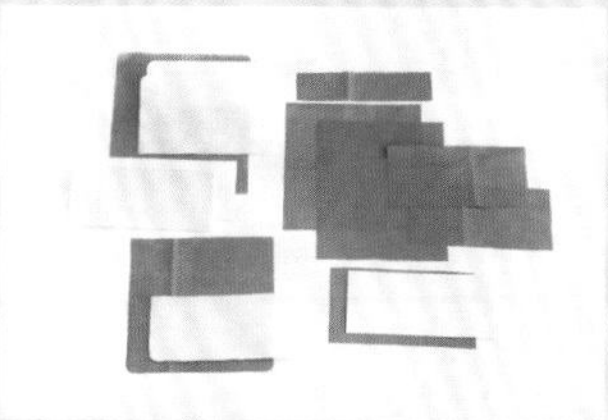

Materials 紙型B面

用布量：（表）尼龍布2尺、（裡）薄尼龍布1尺。

裁布：★紙型已含縫份，表布不須燙襯，裡布有些需貼自黏無紡襯。

部位名稱	尺寸	數量	備註
表布			
袋身上	紙型	1片	
袋身下	紙型	1片	
1號卡片夾層	紙型	2片	
2號卡片夾層	紙型	2片	
3號卡片夾層	紙型	2片	
4號卡片夾層a	紙型	1片	
4號卡片夾層b	紙型	1片	
裡布			
袋身上	紙型	1片	表布顏色
側身風琴布	9.5×13.5cm	2片	表布顏色
1號裡布	紙型	1片	
2號裡布	紙型	1片	貼自黏無紡襯8×19cm
拉鏈檔布	依拉鏈寬度×6cm	4片	
3號夾層拉鏈裡布	紙型	1片	
4號5號夾層拉鏈裡布	紙型	各1片	貼自黏無紡襯7×19cm
6號夾層拉鏈裡布	紙型	1片	
7號裡布	紙型	1片	
中間表布	紙型	1片	
8號裡布	4×19cm	1片	
泡棉			
袋蓋	紙型	1片	2mm厚泡棉
表下身	紙型	1片	2mm厚泡棉
表下身	紙型	1片	自黏無紡襯
中間夾層	8×19cm	1片	4mm厚泡棉
厚紙板			
袋蓋	紙型	1片	0.3mm厚紙板
中間夾層	8×19cm	2片	0.3mm厚紙板

其它配件：（3號）尼龍拉鏈15cm長1條、14mm磁釦1組、2.5cm寬緞帶1小段、2mm厚泡棉、4mm厚泡棉、0.3mm厚紙板。

How To Make

❀ 製作表、裡袋身拉鏈袋

1 先將配色的緞帶放到表袋身上，車好壓線。再與表袋身下正面相對，車縫0.7cm縫份。

↑縫份內折　　1號裡布

2 取裡袋身上（表布顏色），背面沿著縫份內貼上3mm雙面膠，下方橫線先往內折。拿出1號裡布。

3 將裡袋身上貼到1號裡布，車縫一道壓線。

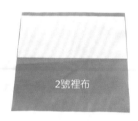
2號裡布

4 取2號裡布貼好自黏無紡布，對折後上方車縫壓線。

3號裡布　4號裡布
5號裡布
6號裡布

5 取15cm拉鏈，兩端車好拉鏈檔布。拿出3～6號夾層拉鏈裡布。

6 夾車拉鏈，4號5號夾層拉鏈裡布要貼好自黏無紡布。

7 將3號4號裡布夾車上方，5號6號裡布夾車下方，並翻回正面壓線。

8 夾車好拉鏈後對折，車縫中間壓線。（要有壓到4片裡布）

9 取2號裡布，下面縫份先貼3mm雙面膠，往上黏好。

10 取拉鏈口袋，用雙面膠與裡袋身上的下方處先黏貼好。

11 下方的外面也黏上雙面膠。

✿ 製作裡袋身卡片夾層

7號裡布　中間表布

12 將2號裡布，黏上剛剛貼好雙面膠的地方，車縫壓線，形成3個隔層。

13 取中間表布背面縫份貼好雙面膠，並往內折黏好，再依7號裡布紙型位置車縫上下壓線。

2號

3號

4號a

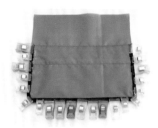

14 取2、3、4號（a）卡片夾層表布，上方縫份處先貼好雙面膠，並往內折黏好。正面車縫壓線。

15 將2號卡片夾層表布和1號片夾層表布對齊疊合，下方車縫0.5cm縫份。放入卡片看看上方是不是露出1cm。

16 同上述作法依序將3號、4號卡片夾層表布a和1號卡片夾層表布車縫。最下方用雙面膠黏好並壓線，中間車縫。

4號b

17 取另一面卡片夾層1～4號（前3號長的一樣，只有4號不一樣），同作法車縫，唯有4號（b）下方暫不壓線，是和表布一起才壓。

18 取車好的7號裡布與下方有弧度的卡片夾層，下方對齊擺放，縫份用保麗龍膠內折黏好，夾子固定。

19 背面示意圖，待乾後拿掉夾子。

20 拿出車好的表袋身，表袋身下先貼無縫份的自黏無紡布，再用雙面膠貼上無縫份的2mm厚薄泡棉。

21 表袋身下的縫份，用保麗龍膠內折黏貼好，夾子固定。

22 左右邊上方的縫份黏法示意圖。

23 表袋身下的中心往上5cm處先安裝好磁釦。

（背面）
5cm

24 取黏好縫份的卡片夾層與表袋身下用雙面膠黏好。

25 翻到磁釦那面，沿邊車縫U字型壓線。

26 取另一份卡片夾層，裡布先用雙面膠和卡片夾層黏貼好。

❋ 組合袋身

27 再將卡片夾層縫份內折，包住裡布，用保麗龍膠黏好，夾子固定。

28 拿出車好的拉鏈夾層裡布，並在6號裡布背面貼上厚紙板。

29 取側身風琴布，上下貼雙面膠，縫份內折黏好，正面壓線固定。

8cm
4cm

4cm

30 拿出一片側邊風琴布和中間的拉鏈夾車。◎注意一邊不含縫份約4cm，另一邊不含縫份約8cm。

31 車縫好拉鏈夾層後再和前面那片夾層夾車。（每個間隔距離約4cm）

32 另一邊作法相同，兩邊車好後，風琴布側邊內折包夾貼上厚紙板的6號裡布背面，並用保麗龍膠黏好。

33 拉鏈夾層風琴底部的裡布要剪小缺口。（4個地方都要剪，不要剪斷，往內塞）

34 拿出車好卡片夾層的表袋身，縫份內貼上雙面膠。

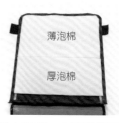

薄泡棉

厚泡棉

35 黏上泡棉，上面薄泡棉，下面厚泡棉。◎注意此長夾泡棉都是不含膠的，周圍用雙面膠固定就好。

36 再黏上厚紙板。

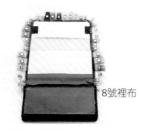

8號裡布

37 先把8號裡布貼上，將縫份往厚紙板折，用保麗龍膠黏好，夾子固定，待乾後再拆下夾子。

38 再拿出步驟32完成的拉鏈夾層，用雙面膠黏好，先車縫上方夾子夾的部分，再車縫左右。（壓線約2mm）

39 車縫好的樣子。

40 裡袋身上和側身風琴的縫份先往1號裡布折，用保麗龍膠黏好，夾子固定，待乾後拆下夾子。（此時另一面磁釦要先裝上）

41 裡袋身上再和表袋身對齊，用保麗龍膠黏好，夾子固定，待乾後拆下夾子，車縫夾子夾的部分。

42 完成。

這個尼龍長夾的做法有別一般布包長夾的製作方式，比較接近皮製長夾的做法，雖然有點複雜，但學起來後，可能也會做皮製長夾喔！

古典黑玫瑰壓紋
水桶包

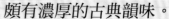

黑色皮革上細緻的玫瑰花壓紋，搭配畫工精細的水墨玫瑰，
頗有濃厚的古典韻味。

外袋身是四個貼式口袋的設計。

可拆式側背帶和手提帶，依需求調整使用。

使用方式／手提、側肩背

完成尺寸

寬 25cm× 高 28cm× 底寬 14cm

難易度／＊＊＊

Materials 紙型Ⓐ面

用布量：（表）黑色合成皮2尺、（表）花色防水布2尺、（裡）印花帆布2尺。

裁布：紙型已含縫份，合成皮、防水布和印花帆布皆不燙襯。

部位名稱	尺寸	數量	備註
表布			
前後袋身	35×29cm	2片	黑色合成皮
表口袋	35×37cm	2片	花色防水布
表袋底	紙型	1片	黑色合成皮
側D扣帶飾片	4×37cm	2片	黑色合成皮
包繩（斜布條）	3×70cm	1片	黑色合成皮
裡布			
前後內上貼	35×9cm	2片	黑色合成皮
前後下身片	35×23cm	2片	
裡袋底	紙型	1片	
一字拉鏈口袋	26×7cm	1片	
一字拉鏈口袋	26×36cm	1片	使用20cm拉鏈
1.5mm厚真皮			
肩帶（長）	2×95cm	2片	左右需放大開各3mm（拖皮糠）
肩帶（短）	2×32cm	2片	左右需放大開各3mm（拖皮糠）
皮戒子（扣環）	1×5.5cm	2片	
提帶	2×32cm	2片	左右需放大開各3mm（拖皮糠）
束口帶皮	3×75cm	1片	
束口飾片	3×5.5cm	1片	

◎註解：（左右放大開）（拖皮糠）：皮依版型左右邊放大3mm裁下，貼好皮糠後，再貼上另一片皮，這時都是放大3mm的尺寸，貼好3層（皮＋皮糠＋皮），待乾後，再依正確的尺寸裁下。這樣裁下的皮肩帶邊緣才會漂亮整齊，不會有殘膠。

其它配件：（3號）塑鋼拉鏈20cm長1條、6×6mm鉚釘4組、8×10mm鉚釘5組、2cm D型環2個、2cm掛鉤4個、2cm針扣1個、2cm寬黑色織帶35cm長2條、17mm雞眼釦12個、3～5mm棉繩或塑膠繩70cm長、黑色牛皮（提把如有現成可不用）、皮糠一小塊、8mm蘑菇釘2組。

How To Make

❋ 製作表裡袋身

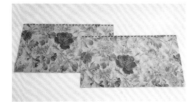

1 表袋身口袋先對折，在上方車縫2mm壓線。

2 再放到表袋身上，對齊後中間車一直線，上方打蘑菇釘固定，完成表前後袋身。

3 取側D扣帶飾片，合成皮貼上雙面膠先包夾2cm寬織帶。

4 前後袋身先車合一邊，將側D扣帶飾片套入D型環後，置中擺放在接合線上，車好一條後先把表袋身車成圓桶狀，再車上另一條。

5 換上拉鏈壓布腳，取包繩布對折包夾車3～5mm棉繩或塑膠繩，再沿著表袋底邊緣車縫一圈。

6 表袋身底部和袋底正面相對車縫，翻回正面，底部貼上皮糠。◎若不貼皮糠，也可選擇車好袋子放入塑膠板。

7 裡前後下身片和內上貼正面相對車縫好，翻回正面縫份倒上壓線，並將其中一片車縫好拉鏈口袋。

8 再將2片正面相對，車縫左右兩側，一邊要留返口。

❋ 組合袋身

9 車縫好裡袋底後，將表裡袋身正面相對套合，對齊袋口處車縫一圈，並從返口翻回正面。

10 不用另外包邊，將原本裡布預留比表布多2cm的份量往上推，夾子固定後車縫壓線。

11 在表袋身依圖示標示位置畫出雞眼釦，並打上固定，共12個雞眼釦。

12 使用現成的束口帶繩穿入雞眼釦內，裝上提把和肩背帶即完成。◎若要使用自己做的皮提把和肩背帶請參考P8作法。

在繁忙工作之餘，和姊妹們來場放鬆悠閒的午茶聚會，
充滿能量後又是神采奕奕的一天。

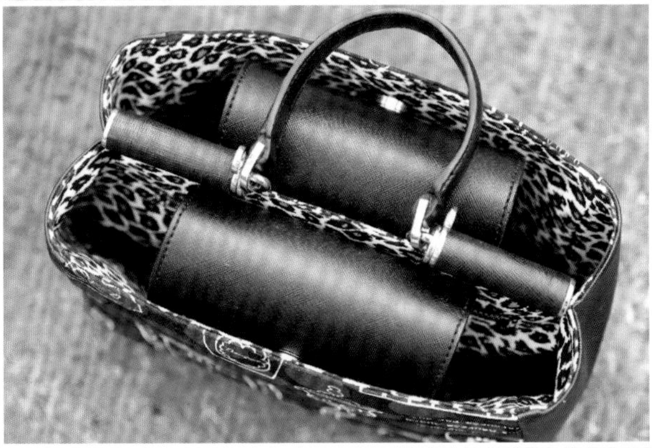

使用方式／手提、肩背

完成尺寸

寬 26cm× 高 21cm× 底寬 8cm

難易度／✻✻✻✻

Materials 紙型B面

用布量：（表）1mm厚合成皮2尺、（表）花色棉布1尺、（裡）棉布3尺。

裁布：★紙型已含縫份，合成皮側身貼自黏無紡布，棉布袋身燙輕挺襯後黏上自黏泡棉，裡棉布燙薄襯。

部位名稱	尺寸	數量	備註
表布			
前後袋身	紙型	2片（花棉布）	燙含縫份輕挺襯再黏上不含縫份自黏泡棉
側身	紙型	2片（合成皮）	貼自黏無紡布含縫份
袋蓋	紙型	4片（放大開）	中間拖薄皮糠後裁成正確尺寸
袋底	28×10cm	1片（合成皮）	貼不含縫份皮糠
側身D扣飾帶	63×4cm	1片	
包五金圓柱合成皮	6×10cm	2片	
提把	紙型	2片（放大開）	中間拖薄皮糠後裁成正確尺寸
裡布			
前後袋身	紙型	2片	
中間夾層	紙型	2片	
2mm厚黑卡紙	19×19cm	1片	中間夾層用
貼式口袋	20×31cm	1片	
一字拉鏈口袋	23×7cm	1片	
一字拉鏈口袋	23×33cm	1片	使用18cm拉鏈
合成皮			
長肩帶a	100×1.5cm	2片（放大開）	中間拖皮糠後裁成正確尺寸
長肩帶b	40×1.5cm	2片（放大開）	中間拖皮糠後裁成正確尺寸
皮戒子	5×1cm	4片（放大開）	2片對黏後裁成正確尺寸

◎註解：（放大開）（中間拖皮糠後裁成正確尺寸）：皮依版型周圍放大3mm裁下，中間貼好皮糠後，再貼上另一片皮，這時都是放大3mm的尺寸，貼好3層（皮＋皮糠＋皮），待乾後，再依正確的尺寸裁下。這樣裁下的皮肩帶邊緣才會漂亮整齊，不會有殘膠。

其它配件：自黏無紡布、2mm厚自黏泡棉、1.6cm D扣五金2個、18mm磁釦2個、腳釘5個、鉤扣2個、1.6針扣1個、6cm圓柱五金2個、8×8mm鉚釘3組、8×12mm鉚釘4組、（3號）塑鋼拉鏈18cm長1條、厚薄皮糠少許（拖提把／袋蓋／袋底用）。

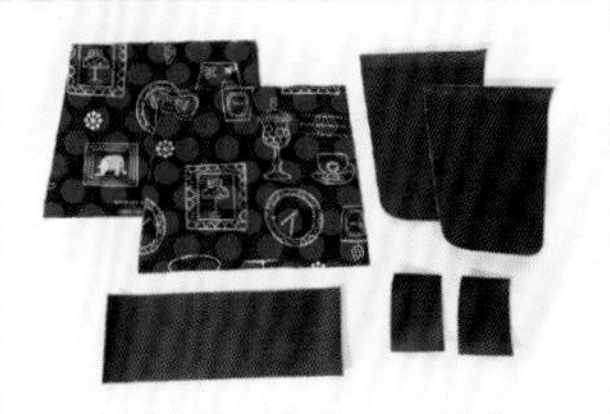

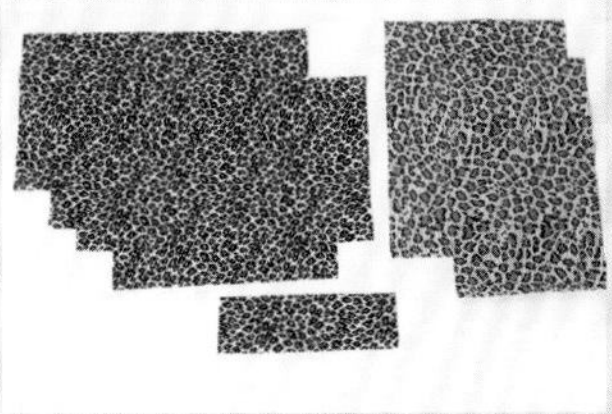

How To Make

❀ 製作表袋底和側身

1 袋底合成皮先黏上皮糠，上下長邊縫份往內折。

2 表袋身後面燙輕挺襯後，再黏上自黏泡棉。

3 表袋身下方和袋底，先用雙面膠黏貼好。

4 再車縫好袋底和前後袋身。

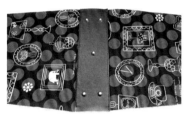

5 袋底打上5個腳釘。

6 表側身合成皮先黏上自黏無紡布，再和車好的表袋身對齊，夾子夾好車合。

❀ 製作提把五金和裡袋身

7 左右側身車縫好的樣子。

8 拿出圓柱五金和包圓柱的合成皮，先用強力膠將合成皮包好五金。

9 合成皮的尺寸依五金圓柱的寬度去裁，長度包好圓柱後還要多出3cm。

10 取裡中間夾層，車縫好貼式口袋和一字拉鏈口袋。

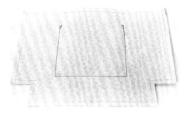

11 先拿出一片裡中間夾層。

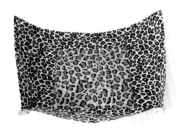

12 將兩邊底角車縫好。

13 打好底角的中間夾層，和裡袋身三邊對齊，夾子夾好。

14 換上壓布腳，先沿著側邊車縫，車到底時回針一下，再換車袋底。這樣分段車會比較好車。

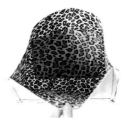 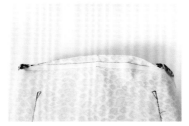 

15 完成一個裡袋身，另一個一樣作法。

16 裡袋身上方縫份先用雙面膠內折黏好。

17 將二個完成的裡袋身，中間夾住步驟9的提把五金。（五金靠左右兩端放置）

18 從提把五金一端車縫到五金另一端。◎平台式的縫紉機不是很好車，慢慢車。注意不要車到下面袋子的部分。

19 車縫好提把五金的部分。

❋ 組合袋身

20 中間夾層記得黏上黑卡紙。◎一般做皮的包包時，我們會先黏好黑卡紙，再車縫五金。但怕大家的家用縫紉機車不動，所以黏黑卡紙的這個動作才會等車好五金才黏。

21 中間夾層兩邊都黏貼好，可用保麗龍膠黏。

22 拿出表袋身，上方縫份先內折用保麗龍膠黏好，夾子夾好，待乾後再取下夾子。

23 將裡袋身與表袋身背面相對套合，上方內折處對齊用保麗龍膠黏好，夾子夾好待乾後取下。

24 車縫袋口壓線。分二段車縫，車好一邊袋子，再車另一邊，記得車袋口前要先裝好磁釦。

25 拿出蠟線手縫線，將分隔二個裡袋的地方，縫合一下。（左右二邊都要縫）

26 取袋蓋合成皮，依版型放大開，裝好磁釦，中間夾薄皮糠，黏好後裁成正確尺寸。

27 並沿邊車縫一圈，完成兩份袋蓋。

❀ 製作提把

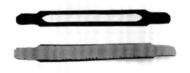

28 袋蓋依版型位置，打上鉚釘，兩個袋蓋一起打，所以鉚釘的腳要有12mm的腳長才夠。

29 手提提把，依版型放大開，一片黏泡棉，另一片黏皮糠，二片再對黏，黏好後裁成正確尺寸。

30 車縫壓線並裝好D扣五金。

31 裝上手提把即完成。

32 也可裝上長背帶，作法請參考P8，尺寸細一點。

Part 3

宴會吸睛·氣質Lady款

不再擔心臨時的宴會邀約或高檔餐聚找不到合適的包款來襯托美麗的服飾。為了在這備受矚目的時刻呈現最佳狀態，不可或缺幾款絕美精品包。

高雅時尚精品盒
口金包

精緻高雅的口金，搭配千鳥紋毛呢布，如同價值不凡的珠寶盒，
配掛上精美的金屬鏈，就成時尚精品包。

使用方式／手拿、肩背

完成尺寸

寬 22cm× 高 12cm× 底寬 4cm

難易度／✱✱✱

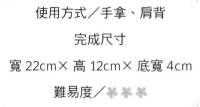

Materials 紙型Ⓐ面

用布量：（表）毛料布1尺、（裡）棉布1尺。

裁布：★紙型已含縫份。

部位名稱	尺寸	數量	備註
表布			
袋身	依盒子口金尺寸	2片	
裡布			
袋身	依盒子口金尺寸	2片	
立體貼式口袋a	依口金尺寸去裁	1片	燙輕挺襯
立體貼式口袋b	20×17cm	1片	燙輕挺襯
側身	紙型	4片	

其它配件：22×12cm盒子口金1個、110cm包鏈1條。

How To Make

1 先從口金盒子的內部開始包裡布。

2 將盒子塗滿白膠，白膠太濃可加水稀釋。

✽ 製作內口袋

3 將裡布剪比盒子還大一點，放上裡布後，可用刷子將裡布刷平黏合。

4 盒子2個都先黏好裡布。

5 準備一片立體貼式口袋a。（尺寸依口金盒子的尺寸下去裁剪）

6 剪一塊輕挺襯，寬度是盒子口金寬往內縮，長是盒子口金的內緣高度。背面燙上輕挺襯再將左右內折包住。

7 取20×17cm貼式口袋b，半面燙不含縫份的輕挺襯，正面相對車好後留返口。

8 翻回正面，左邊車一個打折成立體口袋。

✽ 製作表袋身

9 放到剛黏好輕挺襯的貼式口袋a，車縫左右二道線，再車縫立體口袋下方那道線。

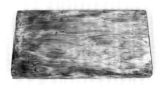

10 最後黏到盒子口金裡布上。

11 盒子口金翻到正面，平均塗上白膠。

12 將毛料布包住口金盒子表面，毛料布往盒子內折用夾子夾住，先黏上下兩邊，乾後再黏左右兩邊。◎表布只黏到盒子上緣，這樣裝到口金框上才不會露出來。

✤ 製作側身

13 待乾後將多餘的表布剪掉。

14 盒子口金側身依紙型裁剪裡布4片和不含縫份輕挺襯4片。

15 燙上不含縫份輕挺襯，兩片正面相對上下車縫好，翻回正面壓線固定。

16 拿出盒子口金框，沿著側邊側身片的高度塗上保麗龍膠。

17 側身片兩邊往框內折黏好，用夾子固定。

18 兩邊做法相同。

19 將一邊盒子先黏上，待乾後再黏另一邊盒子。

20 扣上鏈條即完成。

高尚貴氣珍珠紅
✽ 貝殼包 ✽

動物紋路的皮革包，粉紅帶著透亮的珍珠光澤，
流暢的弧線形，擁有它就能提升自信與魅力。

使用方式／肩背、手提

完成尺寸

寬 25cm× 高 19cm× 底寬 12cm

難易度／✽ ✽ ✽ ✽

Materials 紙型Ｂ面

用布量：（表）粉色0.8mm厚合成皮2尺、（裡）棉布2尺。

裁布：★紙型已含縫份，合成皮貼自黏泡棉，棉布燙薄襯。

部位名稱	尺寸	數量	備註
表布			
前後袋身上	紙型	2片	與下身車好後，貼不含縫份的自黏泡棉
前後袋身下	紙型	2片	
拉鏈檔布	紙型	2片	
袋底	紙型	1片	貼自黏無紡布
腳釘貼片	紙型	2片（放大開）	拖皮糠後裁成正確尺寸
裡布			
前後袋身	紙型	2片	燙不含縫份薄襯
拉鏈檔布	5×7cm	2片	
袋底	紙型	1片	燙薄襯
袋底（包厚紙板布）	紙型	2片	燙不含縫份薄襯再往內縮3mm
側身檔布	紙型	4片	燙不含縫份薄襯
貼式口袋	17×27cm	1片	燙薄襯
斜布條	4.5×8.5cm	1條	
合成皮（粉色0.8mm厚合成皮）			
長肩帶a	95×1.4cm	2片（放大開）	中間拖皮糠後裁成正確尺寸
長肩帶b	35×1.4cm	2片（放大開）	中間拖皮糠後裁成正確尺寸
戒子皮片（扣環）	5×3cm	2片	
提把	紙型	2片（放大開）	拖pvc後裁成正確尺寸
提把飾片	紙型	4片（放大開）	後面拖皮糠後裁成正確尺寸

◎註解：（放大開）（中間拖皮糠後裁成正確尺寸）：皮依版型周圍放大3mm裁下，中間貼好皮糠後，再貼
上另一片皮，這時都是放大3mm的尺寸，貼好3層（皮＋皮糠＋皮），待乾後，再依正確的尺寸裁下。這樣
裁下的皮肩帶邊緣才會漂亮整齊，不會有殘膠。

其它配件：自黏無紡布、2mm厚自黏泡
棉、皮糠少許、2mm厚日本黑卡紙少許
（袋底用）、（5號）62cm金屬拉鏈（雙向
可拉）1條、2cm口型扣環五金4個、鉤扣2
個、1.6cm針扣1個、8×8mm蘑菇釘4組、
8×8mm鉚釘3組、腳釘4組、魔鬼氈。

How To Make

❋ 製作提把&表袋底

1 提把依紙型放大開,下面白色的是pvc,可補強提把的強度,也是依提把紙型放大開。◎這本書如有寫到放大開,都是依紙型放大3mm裁下喔!

2 將合成皮提把和pvc黏一起,待乾後用削皮機將放大開的邊緣削薄,沒削皮機,可用美工刀慢慢削。

3 再拿出提把紙型,畫出正確尺寸,裁下放大開的尺寸。◎為什麼要這樣做?因為可以將你塗膠的邊緣和2片對黏不平整的部分一起裁掉喔!

4 沿著邊緣塗膠5mm,對折黏好,用夾子固定待乾後車縫。◎車法和P11真皮提把一樣,再塞入棉繩,抹上邊油。

5 將4片提把飾片,依紙型放大開,背面黏好皮糠,待乾後裁出正確尺寸。

6 背面中間的地方可塗上壓克力顏料,這樣從側面比較不會看到皮糠的顏色。

7 將4片提把飾片裝上口型扣環,對折用強力膠黏好,待乾後塗好邊油。放到表袋身上,依紙型位置用雙面膠暫黏固定。

8 車好壓線,背面記得墊一塊薄皮糠一起車縫(加強強度),將前後袋身的飾片都先車縫好。◎此部份有點厚度不好車,可改成打洞後用手縫。

❋ 車合袋口拉鏈

9 取腳釘貼片並塗好邊油後,依紙型標示位置放到袋底上,雙面膠暫黏貼固定。

10 沿貼片邊緣車縫,並裝上腳釘。

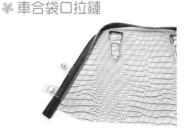

11 取碼裝金屬拉鏈,拔好前後端的拉鏈齒後,放到表袋身上,沿邊對齊固定。

12 起頭從2cm處開始,沿著拉鏈5mm的地方車縫。

13 表袋身車縫好拉鏈後取裡袋身,2片正面相對,沿著剛車的拉鏈壓線,再車縫一次,形成表裡夾車拉鏈的樣子。

14 翻回正面,沿邊壓線。同作法完成後袋身。

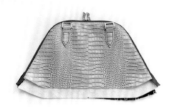

15 將2個拉鏈頭裝上,再裝上拉鏈止。(兩端都要裝上)

✿ 接合表袋身下片

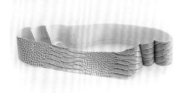

16 取前後袋身下和拉鏈檔片,4片如圖示車縫成一圈狀。

17 縫份倒向拉鏈檔布,並在正面壓線。

18 有幅度的地方剪牙口,總共有四個幅度。

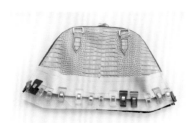

19 表袋身上片和表袋身下片正面相對,用夾子對齊夾好一圈,再車縫固定。

20 翻回正面,縫份倒下片,沿邊壓線一圈。

21 依袋身紙型剪2片不含縫份的自黏泡棉，貼到前後袋身上。

22 在提把飾片上打上磨菇釘，共4組。

✳ 製作裡袋身

23 取裡拉鏈檔布，其一短邊往後折1cm，在正面壓線。

24 再將拉鏈檔布擺放到裡袋身的拉鏈兩端，用珠針固定好後車縫兩邊。

25 取裡袋底，如圖示車縫上兩段5cm長的魔鬼氈。

26 表袋底和裡袋底背面相對疏縫一圈。

27 將袋底和袋身底部正面相對，沿邊對齊用夾子夾好，再車縫一圈固定。

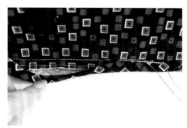

28 取斜布條與袋底正面相對車縫，將斜布條包折住縫份藏針縫一圈。

29 包車好斜布條的樣子。

30 取燙好襯的裡側身擋布，2片正面相對，依圖示畫線位置車縫。

31 翻回正面，返口縫份內折，正面壓線。

32 將側身擋片放在拉鏈下端位置，手縫兩邊固定，完成左右側。

 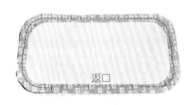 

33 取2片袋底（包厚紙板布），其中1片先車上兩段魔鬼氈（車縫袋底時的另一面魔鬼氈）。

34 再將2片正面相對（需燙上完成線往內3mm薄襯），留返口車縫，圓弧轉彎處剪數個牙口。

返口

35 翻回正面，裝入2mm厚黑卡紙，返口處用藏針縫合。

✽ 組合提把與袋身

 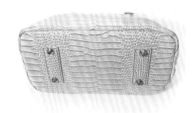 

36 再放到袋身底部，靠魔鬼氈就可貼合在袋底。

37 這樣做袋底成型弧度較漂亮，也比較能承重。

38 提把先打好縫線的洞後，裝入口型扣環，對折開始手縫固定。

39 用縫皮的雙針縫法，將提把縫好。

40 縫好提把即完成。

長背帶作法請參考P8，尺寸細一點。

純淨的奇幻森林
圓筒包

在似夢非夢的純白世界裡，驚見奇幻的紫色森林，
神秘而美麗的令人傾心不已。

Materials 紙型Ⓑ面

用布量：（表）1mm厚超纖合成皮2尺、（裡）棉布2尺。

裁布：★紙型已含縫份，合成皮貼自黏無紡襯，泡棉、棉布燙薄襯。

部位名稱	尺寸	數量	備註
表布			
袋身左右片	紙型	2片	含中間車好後，貼自黏泡棉不含縫份
袋身中間片	紙型	1片	
袋身上片	紙型	1片	
側身	紙型	2片	
側身出牙	3×50cm	2片	斜布條
側身包邊	4×50cm	2片	斜布條
袋蓋	紙型	2片	一片打洞穿皮編織（放大開貼不含縫份無紡襯裁成正確尺寸）
袋蓋用皮條	9mm×50cm	13條	
裝飾用流蘇	12×25cm	2片	
流蘇吊帶	0.7×20cm	2片	放大開（對黏後裁成正確尺寸）
合成皮肩帶上方	1.4×25cm	2片	放大開（中間拖皮糠後裁成正確尺寸）
裡布			
袋身	紙型	1片	燙含縫份薄襯
袋身上片	紙型	1片	燙含縫份薄襯
側身	紙型	2片	燙含縫份薄襯

◎註解：（放大開）（中間拖皮糠後裁成正確尺寸）：皮依版型周圍放大3mm裁下，中間貼好皮糠後，再貼上另一片皮，這時都是放大3mm的尺寸，貼好3層（皮＋皮糠＋皮），待乾後，再依正確的尺寸裁下。這樣裁下的皮肩帶邊緣才會漂亮整齊，不會有殘膠。

其它配件：（5號）碼裝塑鋼拉鏈約40cm長、9mm寬金屬鏈條120cm長1條、1.5cm寬D扣環2個、8×8mm鉚釘2組、17mm雞眼釦2組、五金鎖頭2組、3mm寬棉繩50cm長2條、自黏無紡布、2mm厚自黏泡棉、皮糠少許（拖提把用）。

How To Make

❀ 製作袋身

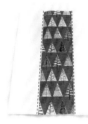

1 取表袋身左右片和中間片，先車縫好成一片，縫份倒左右片壓線固定。

2 再和裡袋身夾車20cm碼裝拉鏈，車縫0.5cm縫份。

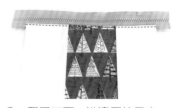

3 翻回正面，沿邊壓線固定。

4 取表袋身上片和裡袋身上片夾車另一邊拉鏈，翻回正面後壓線。

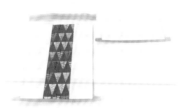

5 因為是碼裝拉鏈車好後可先拆下，表袋身和裡袋身夾車另一條碼裝拉鏈。

6 將袋身正面相對，雙面膠黏好後車合。

7 翻回正面後壓線固定，拆下一邊拉鏈。

8 拿給表袋身上片和裡袋身上片另一邊夾車拉鏈。

9 翻回正面後一樣壓線固定。

10 將拉鏈頭套上。圖示為拉鏈頭套入方向不同，要裝成同方向也可以。

11 前後袋身在依紙型標示位置分別裝上五金鎖頭。

✤ 製作側身

12 拉鏈兩端裝上拉鏈止，共4個。

13 側身出牙斜布條包夾疏縫3mm寬棉繩，完成2條。

14 取表裡側身先背面相對，並將包好的棉繩沿著表側身周圍對齊，一起夾固定後再車縫。

15 完成兩邊的側身車縫。

16 側身再和袋身側邊正面相對用強力夾固定，換上單邊壓布腳後沿邊車縫一圈。

17 取側身包邊斜布條包車側身縫份，完成兩邊。

✤ 製作袋蓋

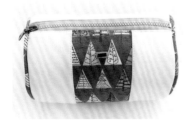 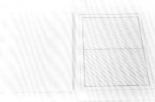 

18 將袋身翻回正面的樣子。

19 取合成皮袋蓋，將畫有打洞位置的紙型放在袋蓋上，邊緣用雙面膠暫黏貼固定。

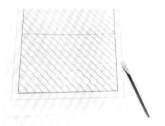

20 右邊那是9mm尺寸的一字斬工具。◎注意看紙型上的每條線是錯開的喔！

21 底下墊膠板，用一字斬打洞，一個一個的洞慢慢打。

22 打好洞後，把紙型撕下。

23 取袋蓋皮條，用髮夾前端穿好皮條，開始穿洞編織。

24 每一條的皮條都是錯開的。

25 正面編織好的樣子。

26 翻到背面，貼上不含縫份的自黏無紡布。

27 塗上強力膠後，再貼上另一片的合成皮。翻回正面，修成正確尺寸。

28 在四周車上壓線，塗上邊油。

29 在袋蓋依紙型標示位置打好鎖頭的洞，鎖上另一面的五金鎖頭。

30 拿出袋身，在間隔兩條拉鏈中心打上縫線的洞，左右各3個洞，袋蓋中心也要打上。

31 將袋蓋放在袋身上，中心對齊好用手縫固定。

✽ 製作皮肩帶

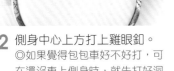

32 側身中心上方打上雞眼釦。
◎如果覺得包包車好不好打，可在還沒車上側身時，就先打好洞喔！

33 取合成皮肩帶上方2片。（放大開，中間拖皮糠後裁成正確尺寸）

34 再車縫壓線一圈，抹上邊油。

✽ 製作裝飾流蘇

35 取裝飾用流蘇合成皮，上方往下2.5cm距離用銀筆畫出橫的記號線，線下每0.5cm距離用輪刀或美工刀直裁出流蘇。

36 再裁1.2×20cm合成皮2片對黏，待乾後裁出正確尺寸0.7×20cm流蘇吊帶，中間車壓線。

37 吊帶縫在流蘇片背面前端，流蘇片上端塗上強力膠，捲起。

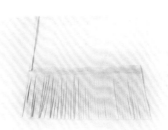

38 在尾端打上4個縫洞，並用手縫線縫固定。

39 吊帶另一邊同作法完成流蘇，並打個結裝飾。

40 從側身雞眼釦穿入鏈條肩帶，鏈條前端可依個人需求的長度打結調整。

41 其中一邊側面裝上流蘇裝飾即完成。

這個包雖然是用合成皮製作，不過是依真皮的作法去做的，你也可以試試用1mm厚真皮去做看看，但車縫縫份的地方，真皮要做削薄的動作喔～

質感交織細格紋
三層包

黑白與深淺藍線條交織成細緻格紋，搭上金屬配件更顯質感，
像在品牌專櫃展示的精品包。

使用方式／長肩背、短肩背

完成尺寸

寬 25cm× 高 16cm× 底寬 8cm

難易度／✿✿✿✿

Materials 紙型C面

用布量：（表）毛料2尺、（裡）棉布2尺。

裁布：★紙型已含縫份，毛料布貼自黏無紡布＋自黏鋪棉，厚棉布不燙襯。

◎自黏的無紡布先依紙型含縫份剪下，貼在毛料表布上再剪下，因為毛料布不能燙襯，所以需用自黏的無紡布貼上，增加挺度，也比較好剪裁。

部位名稱	尺寸	數量	備註
表布			
前袋身	紙型	1片	毛料布，貼自黏鋪棉
後袋身	紙型	1片	毛料布，貼自黏鋪棉
側身左右風琴布	7×34cm	4片	毛料布，貼自黏無紡布
裡布（裡布棉布燙薄布襯，裡用毛料布貼無紡布）			
前袋身內上貼	紙型	1片	毛料布
後袋身內上貼	紙型	1片	毛料布
前後袋身下片	26×14cm	2片	棉布
前後隔層內上貼	25.5×5cm	2片	毛料布
前後隔層下片	25.5×14cm	2片	棉布
中間隔層內上貼	紙型	2片	毛料布
中間隔層下片	紙型	2片	棉布
貼式口袋	18×18cm	1片	
一字拉鏈口袋	19×7cm	1片	
一字拉鏈口袋	19×22cm	1片	使用15cm拉鏈
1mm厚黑卡紙			
袋蓋用	紙型	1片	
前後袋身補強	8×23cm	2片	

其它配件：15cm塑鋼拉鏈1條、1.2cm寬140cm長鏈帶1條、袋蓋扣五金1組、側身扣五金2組。

How To Make

❀ 製作表袋身

1 不含縫份的自黏鋪棉依紙型剪下,貼在表後袋身和表前袋身。◎若無自黏鋪棉,可在鋪棉背面塗上寶麗龍膠,再貼到毛料布的背面。表前後袋身貼自黏鋪棉,就不用貼自黏無紡布。

2 取表後袋身和表左右風琴布正面相對車合最外圍的直線。

  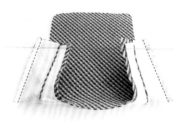

3 表後袋身依圖示位置再貼一塊鋪棉補強挺度。

4 將後袋身正面相對往上折,車縫外圍兩側固定。

5 表前袋身作法同後袋身。

6 表前後袋身正面相對套合,接合處用夾子夾好,再車縫固定。

❀ 製作裡袋身

  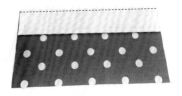

7 翻回正面,側面會形成風琴狀。

8 取前後隔層內上貼和前後隔層下片,正面相對車縫。

9 翻回正面，縫份倒上壓線。

10 圖示左邊為裡後袋身內上貼與裡後袋身下片車合，並將所有裡布都先接合好。◎中間隔層若想要貼式口袋和拉鏈口袋，可依個人需求製作。

11 車好的裡前袋身和裡隔層正面相對車縫ㄩ字型，起頭車縫時上方縫份處不要車到。

12 車好後把上方縫份處的自黏無紡布剪下，縫份才不會太厚。

13 將後袋身隔層、前袋身隔層和中間隔層，全部車縫好的樣子。

14 取中間隔層，上方縫份處貼上雙面膠，縫份往下折黏貼固定。

✿ 組合袋身

15 再將中間隔層，下方左右車縫5cm底角。

16 取車好的表袋身，將中間隔層處的縫份先內折用保麗龍膠黏好。

17 再將裡中間隔層置入表袋身內（背面相對），用保麗龍膠黏貼好，夾子固定。

18 待乾後車合夾子固定處一圈。

19 取前後袋身黑卡紙放進前後袋身內，保麗龍膠黏好，加強袋子的挺度。

20 裡後袋身和表袋身正面相對，車合袋蓋部分。

21 將上方縫份處的自黏無紡布剪下。

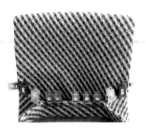

22 翻回正面,要先塞入袋蓋用黑卡紙,再用保麗龍膠黏好,夾子暫固定。

23 待乾後車合,要分成左右先車,再車中間部分。

24 袋身前面要先把磁釦裝好。

25 前袋身作法同後袋身。

26 翻回正面,整理好袋型,四邊手縫加強固定。

27 鎖上側身扣五金和袋蓋扣五金。

28 側身扣穿入長鏈帶即完成。

絕美意境山茶花
口金包

種類多樣的珍珠和亮片點綴在蕾絲繡片上，
再縫上光彩奪目的鑽襯托，美到令人目不轉睛。

使用方式／肩背、手提
完成尺寸
寬 20cm× 高 11cm× 底寬 6cm
難易度／✲ ✲ ✲

Materials 紙型B面

用布量：（表）白色蕾絲布1尺、（表）白色綢緞布1尺、（裡）白色綢
緞布1尺。

裁布：★紙型已含縫份，表布燙厚鋪棉，裡布燙薄布襯。

部位名稱	尺寸	數量	備註
表布			
袋身a	紙型	1片	白色綢緞布
袋身b	紙型	1片	白色蕾絲布
裡布			
袋身	紙型	1片	白色綢緞布
貼式口袋	16×21cm	1片	

其它配件：長18.5×寬6cm方形口金1個、60cm長細包包鏈子、珍珠&
亮片&鑽少許。

How To Make

❋ 製作袋身

1 剪好的鋪棉先燙在表袋身a背面。蕾絲布和綢緞布（袋身a和b）對齊，先疏縫在一起。

2 蕾絲布縫上珠珠和亮片裝飾（依個人喜好設計），裡袋身車縫上貼式口袋。

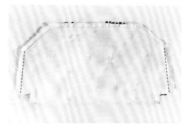

3 將表袋身對折，車縫兩側，上方車縫到止點。

❋ 安裝口金

4 再車縫左右2邊的底角。

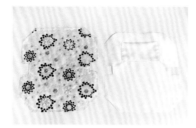

5 表袋身翻回正面。同作法完成裡袋身的車縫。（裡袋上方可先車縫一道壓線）

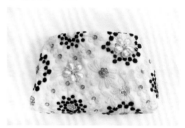

6 表袋身開口處縫份內折用保麗龍膠黏好，針穿好線後從中心穿出。

7 拿出口金，起點從布的中心點穿出，用針對針的縫法，手縫口金再從隔壁口金洞穿出，這個縫法正面只會看到一點一點的線。

8 裡面看到線沒關係，裡袋身放上去後就看不見了。

9 轉角的地方，縫的時候要往上推，貼合口金弧度。

10 裡袋身與表袋身背面相對套合，縫份內折先用保麗龍膠黏上口金固定。

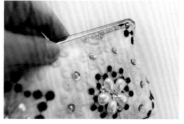

11 裡袋身一樣用針對針的方式縫合，正面縫上珠珠，內裡只會看到一點一點的線。

12 完成。

繽紛的日式花卉
鈴鼓包

日式風格十足的花卉布巧妙搭上有動物紋路的皮革布，
特色鮮明，色彩調和使包款顯得甜美氣質。

使用方式／肩背、側背

完成尺寸

寬 24cm× 高 17cm× 底寬 5.5cm

難易度／✹✹✹✹

Materials 紙型G面

用布量：（表）0.8mm厚粉色合成皮1尺、（表）花色棉布1尺、（裡）棉布1尺。

裁布：★紙型已含縫份，合成皮貼自黏無紡布和泡棉，棉布燙薄襯。

部位名稱	尺寸	數量	備註
表布			
前袋身	紙型	1片	貼2mm自黏泡棉不含縫份
後袋身	紙型	1片	花棉布貼自黏無紡含縫份，再貼自黏泡棉不含縫份
側身	紙型	1片	貼自黏無紡含縫份
側身D扣飾帶	63×4cm	1片	
後袋身貼式口袋	紙型	2片	
裡布			
前袋身下	紙型	1片	燙薄襯
前袋身內上貼	紙型	1片	表布顏色
後袋身下	紙型	1片	燙薄襯
後袋身內上貼	紙型	1片	表布顏色
側身	紙型	1片	燙薄襯
貼式口袋	18×23cm	1片	燙薄襯
合成皮			
長肩帶a	95×1.4cm	2片（放大開）	中間拖皮糠後裁成正確尺寸
長肩帶b	35×1.4cm	2片（放大開）	中間拖皮糠後裁成正確尺寸
皮戒子	5×3cm	2片	折上下黏好車縫

◎**註解**：（放大開）（中間拖皮糠後裁成正確尺寸）：皮依版型周圍放大3mm裁下，中間貼好皮糠後，再貼上另一片皮，這時都是放大3mm的尺寸，貼好3層（皮＋皮糠＋皮），待乾後，再依正確的尺寸裁下。這樣裁下的皮肩帶邊緣才會漂亮整齊，不會有殘膠。

其它配件：自黏無紡布、2mm厚自黏泡棉、55cm長金屬鏈條1條、長型D扣五金2個、鎖頭五金1個、鉤扣2個、1.6針扣1個、8×8mm鉚釘、皮糠少許（拖提把用）、長背帶1條。

How To Make

❋ 製作側身

1 側身D扣飾帶表布背面先貼上雙面膠。並將上下往中間折起黏好。

2 固定D扣的地方用尼龍膠帶黏貼補強。

3 側邊D扣飾帶表布左右兩端往內折，用雙面膠貼好在側身表布上。

❋ 製作袋身口袋

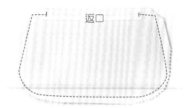

4 車縫壓線，注意左右兩端要留下約1cm可裝D扣的位置。◎請注意，若D扣的鎖頭不是活動式的，需在此步驟先套入D扣再車縫。

5 表後袋身（花布）貼上自黏無紡布，右邊是後口袋。

6 取後口袋正面相對先車縫縫份0.7cm，上方留一段返口。車縫好後，圓弧處剪牙口。並在返口貼上雙面膠。

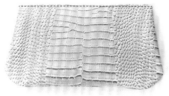

7 翻到正面，返口雙面膠黏好後車縫壓線。

8 依後袋身紙型位置擺放上口袋，沿邊車縫U字型固定。

9 表後袋身再貼上一片自黏泡棉。（自黏泡棉不含縫份往內縮2mm，因為泡棉有厚度，需要一點空間）。

❋ 接合袋身與側身

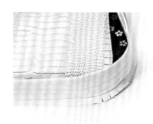

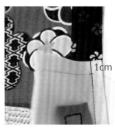

10 將側身和表後袋身正面相對，中心對齊，沿邊用夾子夾好。

11 車縫時，圓弧處剪牙口，使弧度翻回正面較順。

12 注意起頭的地方，上方須留1cm縫份不車。

13 同作法接合前袋身。

14 一樣在圓弧處剪牙口,慢慢車縫才會漂亮。

15 前後袋身與側身接合好的樣子。

✹ 製作裡袋身與內上貼

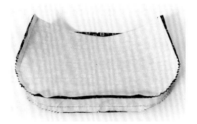

16 取裡前後袋身下和側身,裡袋身依個人需求可先車縫好貼式口袋。

17 裡袋身與側身接合,車縫方式同表袋身。(圓弧處剪牙口)

18 取裡前袋身內上貼和裡後袋身內上貼。(表布顏色)

19 將裡前後袋身內上貼正面相對,左右先車縫好,要和裡袋身組合在一起。

20 在袋口處正面相對套合,對齊好用夾子暫固定。

21 車縫一圈後,上翻縫份倒向上,正面壓線固定。

✹ 製作袋蓋與組合袋身

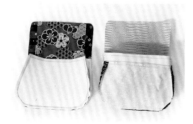

22 完成表袋身和裡袋身。

23 表袋蓋和裡袋蓋正面相對,沿邊對齊先夾好。

 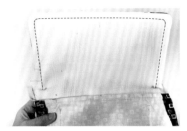 

24 注意起縫點和止縫點，車縫固定。（圓弧處剪牙口）

25 袋蓋翻回正面整理好，裡袋套入表袋內，上方先用雙面膠黏好。

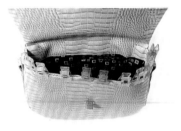 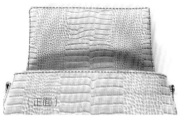 

26 表裡袋身袋口處雙面膠黏好，夾子夾好後開始車縫。
◎注意要車縫之前鎖頭五金要先裝好。

27 從袋蓋開始車縫，順著袋蓋車到袋口一圈，完成袋口車縫。（覺得不好車的人可分成二段車）

（正面）　（背面）

28 將袋蓋中心裝上鎖頭五金。

29 側身裝上長型D扣，這D扣是鎖螺絲活動式的，所以可車好包包再裝。若不是活動式的話，需在步驟4就先裝好。

30 裝上短鏈子，可肩背或當裝飾。（參考P74情境圖）

裝上長背帶，作法請參考P8-9，可側背和斜背。

Part 4

休閒娛樂‧活力外出款

時常出遊能讓心情愉悅開朗，帶著與眾不同的手作包與人分享，或欣賞他人手上的包款，不一定能結識志同道合的朋友，開啓好的緣分。

陽光下的花果田
相機包

望著陽光下飽滿的蔬果與嬌豔的花朵，
拿起相機將這片朝氣蓬勃的美景拍下好好珍藏。

使用方式／側背、肩背、手提

完成尺寸

寬 27cm× 高 18cm× 底寬 15cm

難易度／✿✿✿✿✿

側邊為立體袋蓋口袋，後方有拉鏈口袋。

裡袋身有夾厚珍珠棉，和可拆式分隔層。

Materials 紙型G面

用布量：（表）黑色尼龍布2尺、（表）印花斜紋棉布1尺、（裡）印花薄尼龍布3尺、（裡）黑色薄尼龍布1尺、天鵝絨布（輕刷毛）1尺。

裁布：★紙型已含縫份，尼龍布不燙襯，斜紋棉布燙厚襯。

部位名稱	尺寸	數量	備註
表布			
前袋身	紙型	1片	中間夾5mm厚珍珠棉
後袋身上	4×29cm	1片	
後袋身下	15×29cm	1片	
拉鏈檔布	4×2.5cm	2片	
袋身前口袋	紙型	1片	花棉布燙厚襯
袋角皮片	紙型	2片	左右正反開各1片
袋蓋	紙型	2片	中間夾2mm泡棉
牛皮提把	24×2.5cm	2片（放大開）	中間拖皮糠後裁成正確尺寸
側身	紙型	2片	中間夾5mm厚珍珠棉
側身口袋	紙型	2片	
側身口袋側邊布	5×43cm	2片	
側身口袋蓋	紙型	2片	
斜布條	4×38cm	2片	花棉布
袋底	17×29cm	1片	中間夾8mm厚珍珠棉
裡布			
前袋身	紙型	1片	
後袋身上	4×29cm	1片	黑色薄尼龍布
後袋身下	15×29cm	1片	黑色薄尼龍布
後袋身	19×29cm	1片	黑色薄尼龍布
後袋身	19×29cm	1片	印花薄尼龍布
袋身前口袋	紙型	1片	
側身	紙型	2片	
側身口袋	紙型	2片	
側身口袋側邊	5×43cm	2片	
袋底	17×29cm	1片	
內裡貼式口袋	24×17cm	4片（天鵝絨布）	
中間隔層布	22×36cm	1片（天鵝絨布）	中間夾5mm厚珍珠棉13×15cm
寬2.5cm魔鬼氈	15cm長	2條	

◎註解：（放大開）（中間拖皮糠後裁成正確尺寸）：皮依版型周圍放大3mm裁下，中間貼好皮糠後，再貼上另一片皮，這時都是放大3mm的尺寸，貼好3層（皮＋皮糠＋皮），待乾後，再依正確的尺寸裁下。這樣裁下的皮肩帶邊緣才會漂亮整齊，不會有殘膠。

其它配件：（3號）塑鋼拉鏈25cm長1條、2cm寬塑鋼快速扣2組、（袋蓋用）2cm寬紅色織帶24cm長2條、（前口袋用）2cm寬紅色織帶20cm長2條、2.5cm寬D扣2個、（側身D扣用）2.5cm寬黑色織帶10cm長2條、3cm寬黑色織帶130cm長1條、3cm大勾釦2個、3cm日扣1個、15mm壓扣2組、8mm鉚釘4組、紅色牛皮少許、皮糠少許、2.5cm包邊布少許、5mm／8mm厚珍珠棉少許、2mm泡棉少許。

How To Make

❉ 製作裡前後袋身

1.5cm

1　取內裡貼式口袋，2片正面相對車縫∩字型，翻回正面，上方往下1.5cm距離壓線。

2　再擺放到裡後袋身，中心下方對齊，車縫∪字型。

3　取表裡前袋身正面相對，車縫上方，弧度處剪牙口。

剪牙口

❉ 製作表前後袋身

4　翻回正面，用骨筆刮順整理好，裡前袋身上的貼式口袋也車縫好。

5　取表裡袋身口袋，正面相對車縫上方。

6　翻到正面，上方車縫壓線，其他邊疏縫固定。

7　取左右兩邊的袋角皮片，對齊表袋身口袋下方，如圖示車縫固定。

8　織帶裝好插扣，一端內折三折車縫固定，另一端依表口袋紙型標示位置放進袋底皮片下，壓圓弧時一起固定，完成兩邊。

9　表袋身口袋和表袋身對齊好，疏縫三邊固定，中間車縫一道壓線。◎此動作都只車在表布，裡布不要車到，才能放入珍珠棉。

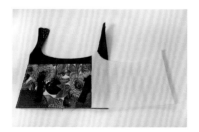

10　珍珠棉依版型不加縫份，再往內縮5mm裁剪好。

11　將珍珠棉放到表裡袋身內，再把表袋身和裡袋身疏縫在一起。

12　先將拉鏈兩端車好拉鏈檔布，再取表裡後袋身下和表裡後袋身上夾車拉鏈。

13 表後拉鏈袋身中間須再夾一層裡布，拉鏈打開才不會看到裡後袋身背面。

14 取表裡袋底夾車表前袋身底部，並翻回正面。

燒上下兩邊↓

15 袋底下方對齊車縫一道。

16 珍珠棉邊緣可用打火機燒一下，變比較薄，再從袋底側邊放入珍珠棉。

✽ 製作袋蓋

17 珍珠棉放入後，兩側邊緣疏縫。

18 取1片袋蓋，將（袋蓋用）織帶先穿入快插扣折好，依紙型位置用雙面膠黏貼在袋蓋上並沿織帶邊車縫固定。

19 拿出另一片袋蓋正面相對，先用大頭針對齊固定好再車縫。

20 翻回正面，沿邊壓線固定。

21 車好的袋蓋，放入一片不帶膠的泡綿。（記得不帶膠的泡棉要縮小一點喔）

22 拿出表後袋身和裡後袋身還有袋蓋。

23 將表裡後袋身夾車袋蓋，左右起縫點留3cm後開始車縫。

24 翻回正面車好袋蓋的樣子，並將後袋身兩側對齊疏縫。

※ 接合前後袋身

25 後袋身左右先車縫好，也要放入一片珍珠棉。

26 完成後袋身和袋蓋的接合；前袋身和袋底的接合。

27 後袋身和前袋身正面相對，下方車合夾子夾的地方。

28 前袋身那兩端細細的地方，夾車在袋蓋旁。

29 袋底有一邊用包邊布包住縫份車縫固定。

※ 製作側身口袋

30 取裡側身口袋和裡側身口袋側邊布，正面相對車縫U字型，側邊布轉角弧度處需剪牙口。

31 表側身口袋和表側身口袋側邊布同作法車合。

32 將接合好的表裡側身口袋，正面相對上方車合。

33 翻回正面，用骨筆刮一刮。

34 整理好後上方車縫壓線，再拿出一片表側身。

35 表側口袋與表側身三邊對齊好，疏縫固定。

36 取側身口袋蓋，背面相對對折，疏縫U字型。

37 拿出一片棉布斜布條4×38cm，沿著口袋蓋邊緣車縫0.7cm。

38 再將斜布條翻到背面，折好後從正面沿邊壓線固定。

39 完成的側身口袋和側身口袋蓋。

40 將口袋蓋車縫到側身上。

41 口袋和袋蓋依紙型標示位置打上壓扣。

42 取1片裡側身和珍珠棉。（珍珠棉需往縫份內縮2cm）

43 表側身和裡側身夾車珍珠棉，疏縫一圈，共需完成2份側身口袋。

❀ 組合袋身

44 記得要組合側身前先把
2.5cm寬織帶10cm長穿入D
扣車縫固定。

45 將側身和袋身正面相對,沿
邊對齊,先用夾子夾好。

46 因為有夾珍珠棉,不是很好
車,可先疏縫後,再車縫。

47 將兩邊側身都車好後,用包
邊布包車縫份處一圈。

48 取中間隔層布,對折車縫好
後翻回正面,裝入13×15cm
珍珠棉。

49 左右縫份往內折好後,車縫
魔鬼氈(刺面),完成活動
式中間隔層。

50 裝入相機後,可依照相機大
小去調整隔層。(也可依自
己需求多做幾個小格層)

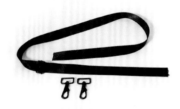

51 車縫側背帶,3×130cm織
帶1條,3cm的大勾釦2個,
3cm日扣1個。

52 取2片牛皮提把,放大開
3mm,中間拖皮糠後裁成正
確尺寸2.5×24cm。

53 車縫好壓線,抹上邊油。

7.5cm

54 將袋蓋上方的織帶位置打上
鉚釘洞。

55 裝上牛皮提把,打上鉚釘即
完成。

這個相機包不大,大概能裝入2台單眼相機,所以牛皮提把用打鉚釘方式,如果是很
大的相機包,提把請記得用車縫的喔~

簡約英式海軍風
肩背包

紅白藍條紋和帆船船錨的圖案元素，構成時下流行的海軍風，
腦海浮現出海風撫過臉龐的記憶。

使用方式／肩背

完成尺寸

寬 45cm× 高 29cm× 底寬 18cm

難易度／✻✻✻

Materials 紙型◐面

用布量： （表）防水印花布2尺、（表）防水素色布2尺、（裡）斜紋棉
布3尺、1mm厚皮糠少許。

裁布： ★紙型已含縫份，防水布不燙襯，棉布燙薄布襯。

部位名稱	尺寸	數量	備註
表布			
前後袋身	33×30cm	2片	
左右側身	紙型	2片	
側身口袋	紙型	4片	
袋底	12×30cm	1片	
裡布			
前後袋身下	32×30cm	2片	
前後內上貼	8.5×30cm	2片	表布素色
側身下	紙型	2片	
側身內上貼	紙型	2片	
一字拉鏈口袋	26×7cm	1片	
一字拉鏈口袋	26×38cm	1片	使用20cm拉鏈
貼式口袋	20×35cm	1片	
袋底皮糠	13×26.5cm	1片	
真皮提把			
提把（1.2mm牛皮）	紙型	4片（放大開）	中間拖皮糠後裁成正確尺寸
針扣（1mm牛皮）	紙型	8片（放大開）	2片對黏好後裁成正確尺寸
針扣戒子	0.9×5.5cm	4片	

◎註解：（放大開）（中間拖皮糠後裁成正確尺寸）：皮依版型周圍放大3mm裁下，中間貼好皮糠後，再貼
上另一片皮，這時都是放大3mm的尺寸，貼好3層（皮＋皮糠＋皮），待乾後，再依正確的尺寸裁下。這樣
裁下的皮肩帶邊緣才會漂亮整齊，不會有殘膠。

其它配件： （5號）塑鋼拉鏈20cm長1條、1.6cm針扣五金4個、小龍蝦鉤1個、1.2cm D扣環1個、18mm磁
釦1個、腳釘5組。

How To Make

❖ 製作表袋身與側身口袋

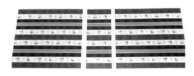  

1 取前後表袋身和袋底正面相對車合。

2 縫份倒向袋底,翻到正面壓線。

3 取表裡側身口袋正面相對,車縫直線處一道。

4 再翻回正面壓線固定。

5 側身口袋擺放在側身表布上,對齊下方U字型並疏縫固定。(兩側作法相同)

6 表袋身和車好的側身正面相對,三邊對齊好車合。

❖ 製作皮提把

7 翻回正面,完成表袋身。

8 製作真皮針扣4份,真皮戒子4份。針扣依紙型放大開8片,每2片對黏後,裁成正確尺寸,再依紙型位置打上針扣的洞,上方削薄,先車合上方位置,下方要等放到袋身再車。(2條長型是背帶)

❖ 製作裡袋身

9 將4份針扣穿上真皮和戒子後,用手縫線縫上左右2邊固定。完成真皮針扣4組備用。(若沒車皮縫紉機的話可用市售現成的提把代替)

10 將真皮針扣擺放在袋身左右側再車合下方,完成4組。

11 前後裡袋身下和前後裡內上貼先車合,左右側身裡布也是先和側身內上貼車合。再翻回正面縫份倒下壓線。◎裡袋身和表布的尺寸不一樣,比較長所以沒有裡袋底。

12 車縫上拉鏈口袋和貼式口袋。（可依個人需求車縫口袋大小）

13 將2片裡袋身先接合後，再車縫側身裡布，完成裡袋。

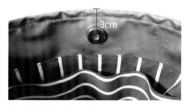

14 裡袋記得在中心下3cm先裝好磁釦。

✿ 組合袋身

15 表袋底貼上皮糠後先裝好5組腳釘。

16 表袋身與裡袋身正面相對套合。

17 袋口處對齊，用強力夾沿邊固定一圈後車合。

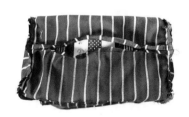

18 裡袋身下方留一段返口。

19 從裡袋返口翻回正面，整理好袋型，用夾子夾好上方（假）包邊的地方。

20 再沿邊車縫一圈固定。◎因為裡袋有預留比表袋大的尺寸，形成（假）包邊，車好後會像是包邊的樣子。

21 長型背帶依紙型放大開剪好4片，對黏成2片後，裁成正確尺寸，抹上邊油，車好壓線後打洞，洞的距離是2.5cm。

22 製作固定袋口的鉤扣，裁3×15cm和3×7cm各1片，分別用雙面膠對黏2邊，折好後車縫中間一道，一邊裝上小龍蝦鉤，一邊裝上D扣環，再手縫到袋身上。

23 完成。

優雅迷人小花貓
打摺包

有許多優雅的小花貓圍繞在身旁，陪伴妳到任何地方，
看著牠們可愛的身影，心情愉悅開朗。

使用方式／肩背、側背、手提
完成尺寸
寬 38cm× 高 23cm× 底寬 14cm
難易度／✿✿✿✿

Materials 紙型⊙面

用布量：（表）印花棉布2尺、（表）素色防水布2尺、（裡）尼龍布3尺。

裁布：★紙型已含縫份，棉布燙厚布襯，防水布不燙襯，袋底燙厚襯。

部位名稱	尺寸	數量	備註
表布			
前後袋身	紙型	2片	印花棉布
左右側身	紙型	2片	防水布
袋底	紙型	1片	防水布
斜布條	30×3cm	4片	表布顏色
拉鏈口布	5.5×30cm	4片	
裡布			
前後內上貼	55×7cm	2片	表布顏色
前後下身	55×20cm	2片	
袋底	紙型	1片	
貼式口袋	32×20cm	1片	
一字拉鏈口袋	24×7cm	1片	
一字拉鏈口袋	24×34cm	1片	使用18cm拉鏈
袋底皮糠	紙型	1片	紙型不含縫份往內縮0.5cm
真皮牛皮			
提把	紙型	4片（放大開）	中間拖皮糠黏好後裁成正確尺寸
肩帶皮飾片	紙型	4片（放大開）	中間拖皮糠黏好後裁成正確尺寸

◎註解：（放大開）（中間拖皮糠黏好後裁成正確尺寸）：皮依版型周圍放大3mm裁下，中間貼好皮糠後，再貼上另一片皮，這時都是放大3mm的尺寸，貼好3層（皮＋皮糠＋皮），待乾後，再依正確的尺寸裁下。這樣裁下的皮肩帶邊緣才會漂亮整齊，不會有殘膠。

其它配件：（3號）塑鋼拉鏈18、40cm長各1條、23mm雞眼釦8組、錐狀五金4組、1cm寬的金屬鏈條57cm長2條、16mm D扣環4個、6×10mm鉚釘4組、1mm厚皮糠少許、5mm棉繩4尺。

How To Make

❀ 製作表前後袋身

1 取斜布條包夾棉繩疏縫固定，完成4條。

2 前後表袋身下緣，依紙型打摺位置摺好並疏縫。

3 斜布條出芽和表袋身側邊由上往下約5cm對齊夾好，並車縫固定。

❀ 製作表側身與袋底

4 完成前後袋身出芽車縫。

5 表前袋身和側身正面相對，夾子沿邊對齊夾好後車縫固定。

6 翻回正面，後袋身作法相同，完成2組。

7 再將2組車合，形成圓筒狀。

8 表袋底燙上厚襯，再和袋身底部正面相對車合。

9 翻回正面，袋底黏上皮糠。

❀ 製作裡袋身與拉鏈口布

10 裡前後袋身依個人需求車縫上貼式口袋和拉鏈口袋，取裡內上貼備用。

11 取40cm拉鏈，起頭端內折，並在拉鏈上方貼上雙面膠。

12 拉鏈口布兩端的尾部先內折1cm並用雙面膠固定，2片夾車拉鏈，車縫0.5cm縫份。

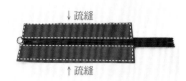

13 翻回正面，對齊好，沿邊車縫三邊壓線，下方疏縫。同作法完成另一邊拉鏈車縫。

14 裡內上貼和裡袋身正面相對夾車拉鏈口布。翻回正面，縫份倒向上方車縫壓線。

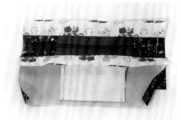

15 同作法完成另一邊拉鏈口布夾車與壓線。

❋ 組合袋身與提把背帶

16 將前後裡袋身正面相對車縫兩側。

17 裡袋底與裡袋身底部車合，要留一段返口。

18 將表裡袋身正面相對套合，袋口處沿邊對齊夾好，車縫一圈。

19 翻回正面，整理好袋型，裡袋底返口縫合。

20 袋口處車縫壓線一圈。

21 前後袋身側邊折好，在相對應位置打上4組23mm雞眼釦，兩側共8組。

22 牛皮提把依紙型位置，打好五金的洞口後抹邊油車壓線，再把錐型五金裝到表袋身由上往下約3cm處。

23 先將金屬鏈條穿入兩側雞眼釦內。取肩帶皮飾片抹邊油車壓線，裝到鏈條肩帶D扣環上，用鉚釘固定即完成。

月夜下的櫻花
✽卡片收納包✽

朦朧月色下微風輕撫櫻花飄落，將這片美景握在手中，
彷彿身歷其境在此氛圍裡。

使用方式／手拿

完成尺寸

寬 10cm× 高 23cm× 厚度 2cm

難易度／✿ ✿ ✿ ✿

Materials 紙型 G面

用布量：（表）印花布約半尺、（裡）棉布1尺半、防水布1尺。

裁布：★紙型已含縫份，棉布燙硬襯、厚襯還有紙襯。

部位名稱	尺寸	數量	備註
表布			
袋身	紙型	2片	燙硬襯2次
裡布			
袋身	紙型	2片	燙薄襯
左右卡片夾層a	128×10cm（有紙型）	2片	棉布卡片夾層車好後修成8.5cm寬
左右卡片夾層b	28×11cm	2片	
紙襯	8×8cm	16片	
D型扣環片	4×8cm	1片	
吊飾片	4×35cm	1片	
筆插布	8×8cm	1片	
防水布			
中間卡片夾層a	22×10cm	2片	
中間卡片夾層b	10×10cm	12片	
中間卡片夾層c	18.5×10cm	2片	
中間卡片夾層d	22×4cm	2片	
合成皮			
皮扣片a	紙型	2片（放大開）	中間托皮糠後裁成正確尺寸
皮扣片b	紙型	1片	

◎註解：（放大開）（中間拖皮糠後裁成正確尺寸）：皮依版型周圍放大
3mm裁下，中間貼好皮糠後，再貼上另一片皮，這時都是放大3mm的尺寸，
貼好3層（皮＋皮糠＋皮），待乾後，再依正確的尺寸裁下。這樣裁下的皮
肩帶邊緣才會漂亮整齊，不會有殘膠。

其它配件：小D扣環1個、小勾扣環1個、8mm鉚釘5組、4×95cm斜布條、
牛皮一小塊、1mm厚皮糠少許。

How To Make

❋ 製作裡左右夾層

1 表袋身先燙上一層不含縫份硬襯,再燙一層含縫份硬襯。

2 取D型扣環片和吊飾片,燙上薄紙襯後分別將長邊往中心折燙,再對折燙好。

3 四邊車縫壓線,分別穿入小勾扣和小D扣環,如圖示折好車縫。

4 吊飾尾端再打上鉚釘固定,並塗上白膠,可防止鬚邊,就不需再往內折,會顯得太厚。

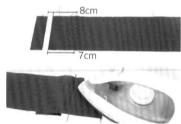

5 剪一張8.5cm高度的厚紙板,並在7cm處畫線。放到左右卡片夾層a,從下端往上折到7cm的地方,用熨斗燙好。

6 折燙好7個卡片夾層。

7 每個夾層的上端折起處車縫壓線。

❋ 製作中間卡片夾層

8 翻到背面,將每一層都燙上8×8cm的紙襯。(此卡片夾層要做2份)

9 取筆插布燙上薄布襯,對折車縫0.5cm縫份。再翻回正面,兩邊壓線,備用。

10 取中間卡片夾層b,上端貼雙面膠後內折,正面車壓線備用,共完成12片。

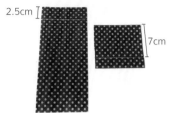
2.5cm
7cm

11 拿出中間卡片夾層a，距離上方2.5cm處畫上記號線，再拿出一片剛車好的夾層b，距離上方7cm處畫上記號線。

12 將夾層b對齊擺放在夾層a記號線下，車縫夾層b的記號線。

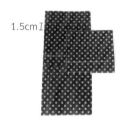
1.5cm

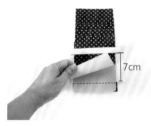
7cm

13 夾層b上方往下1.5cm處再放上一片夾層b，依序車縫距離7cm的記號線，總共是7層。

14 請注意最後一層（第7層）是夾層c，對折上方壓線，折線下7cm記號線畫在內部，並車縫，表面才不會看到。

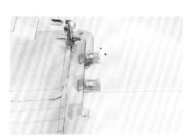

15 同上作法共完成2份，取中間卡片夾層d備用。

16 將夾層d與車好的夾層正面相對，車縫0.7cm縫份。◎請注意左右2邊車縫不同的方向，一條車縫左邊，一條車縫右邊。

17 再將2條正面相對，靠著縫份旁邊車縫直線。

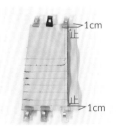
1cm
止
止
1cm

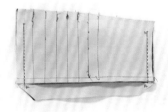

18 直線車縫是車到止點，上下都留1cm縫份。

19 再車縫上端夾子夾的地方，橫線也是止點車到止點。

20 另一邊也是止點車到止點，並剪下斜角。

✿ 車合裡袋身夾層

21 翻回正面示意圖。

22 取2片裡袋身夾車中間卡片夾層。

23 夾車時請注意裡袋身的縫份是1cm，卡片夾層的縫份是留2cm。

24 翻回正面車縫壓線，兩邊都要車縫兩道。

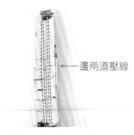

←邊兩道壓線

25 翻到背面的車縫示意圖。

26 背面燙上厚布襯（有附紙型）。

27 拿出一開始車好的左右夾層a，和左右夾層b。

28 左右夾層a與b正面相對，車縫0.7cm縫份，翻回正面車兩道壓線。
◎請注意左右兩邊車縫不同的方向，夾層車好後修成8.5cm寬度。

✿ 組合袋身

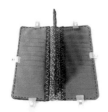

29 中間卡片夾層兩邊分別放上左右夾層，並疏縫夾子夾的地方。

6.5cm

30 將車好的D型扣環帶和筆插片依圖示位置疏縫上去。

31 拿出燙好硬襯的表袋身，和車好的裡袋身背面相對，用夾子對齊夾好。◎夾合的時候請折起來夾，這樣車好後才不會有波浪狀。

32 在車縫一邊時另一邊是要立著的，車到中間時兩邊是立著的，車到另一邊換後面是立著的。
◎這樣車縫是為了讓包包合起來的時候是平順著的。

33 取4×95cm斜布條沿著袋身邊緣對齊，夾子夾好。

34 車縫一圈固定，斜布條翻到裡袋身。

35 斜布條往內折好包住縫份，並用藏針縫合一圈。

（背面）

36 皮扣片a依紙型放大開，中間托皮糠後裁成正確尺寸，抹上邊油後車縫壓線。皮扣片b周圍壓線一圈。再用鉚釘將皮扣釘在袋身紙型標示位置上。

37 勾上吊飾帶即完成。

只要心中有愛，任何時刻都是幸福時光。
用輕的尼龍布製作包款，減少甜蜜負擔的重量。

表袋身有隱藏式貼式口袋和袋蓋口袋。

裡袋身夾層分隔多，物品易分類好收納。

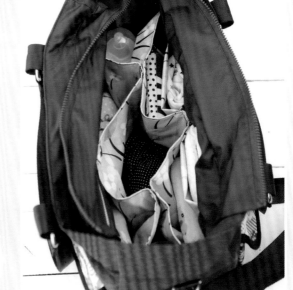

使用方式／側背、肩背

完成尺寸

寬 38cm× 高 30cm× 底寬 14.5cm

難易度／✳✳✳✳

Materials 紙型ⓖ面

用布量：（表）尼龍布3尺、尼龍布（印花）2尺、（裡）薄尼龍布3尺、尼龍布（印花）2尺。

裁布：★紙型已含縫份，尼龍布不燙襯。

部位名稱	尺寸	數量	備註
表布			
前後袋身	紙型	4片	
前上貼片	紙型	2片	貼自黏無紡布
左右側身	17×24.5cm	2片	貼自黏無紡布
側身上貼片	6.5×17cm	2片	貼自黏無紡布
袋身口袋大	25×19.5cm	4片	
袋身口袋小	20×19.5cm	4片	
口袋袋蓋大	紙型	2片	貼自黏無紡布
口袋袋蓋小	紙型	2片	貼自黏無紡布
袋底	17×43cm	1片	貼自黏無紡布
包邊斜布條	4×130cm	1片	黑棉布
裡布			
前後袋身	紙型	4片	
前後上貼片	紙型	2片	
左右側身	17×24.5cm	2片	
側身上貼片	6.5×17cm	2片	
袋底	17×43cm	1片	
珍珠棉	13.5×38cm	1片	
拉鍊口布	8.5×37cm	4片	
中間隔層布	紙型	4片	花布
一字拉鍊口袋	30×7cm	1片	
一字拉鍊口袋	30×42cm	1片	使用25cm拉鍊
貼式口袋	32×34cm	1片	

其它配件：（3號）塑鋼拉鍊25、48cm長各1條、3.8cm寬織帶140cm長1條、15cm長4條、76cm長2條、4cm橢圓扣環4個、2.5cm D型扣環2個、2.5cm寬黑色織帶25cm長1條、4cm日型扣環1個、4cm大勾扣環2個、磁釦6組、鉚釘6組、四合扣4組。

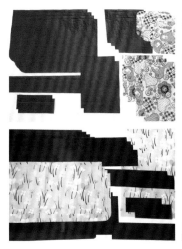

How To Make

❀ 製作前袋身口袋

1 取袋身口袋大2片正面相對，縫份0.7cm車縫∩字型，再修剪轉角縫份。

2 翻回正面上方壓線一道，完成4個袋身口袋。（共2大2小）

3 將4個口袋都先裝上磁釦母釦。

4 取表袋身依紙型畫出口袋位置，再將口袋小對齊記號線正面相對，車縫0.5cm固定，上方車三角形補強。

5 口袋翻轉到袋身另一邊畫記號線的位置，正面相對珠針別好，這時會很不好車，慢慢車縫。

6 車好翻回正面的樣子。◎這口袋的車法有別於一般正面壓線，車好的口袋壓線是藏在袋內的。

7 換車縫口袋大，作法相同，口袋大會比較好車縫。正面大小口袋車好的樣子。

8 取口袋袋蓋，背面貼自黏無紡布，裝上磁釦公釦。

9 再將袋蓋背面相對對折，疏縫U字型。準備一條4cm寬的包邊斜紋布。

10 斜邊布起頭往內折，順著袋蓋，沿邊對齊車縫0.7cm，車到尾端時也將布往內折。

11 車好的斜紋布，往背面翻折，夾子夾好後翻回正面壓線。

12 此袋蓋上方是沒鬚邊的，所以可以直接擺上車縫壓線。（不需要車好一次再往上折車一次喔！）

❋ 製作表前後袋身

13 取表袋身和裡袋身正面相對上方車縫，翻回正面壓線，三邊疏縫固定。

14 完成2組，磁釦記得先裝上。（一個是前袋身，一個是後袋身，外觀相同）

15 取15cm織帶2條，分別穿好橢圓扣環，再依紙型位置車縫在前上貼片。

16 與另一片表袋身正面相對車縫。

17 翻回正面壓線，並裝上磁釦。將第一層袋身和第二層袋身，各完成2組。

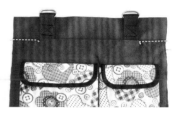

18 將第一、二層袋身對齊擺放好，車ㄩ字型一起疏縫，再從上方黑色織帶位置往外圍車縫壓線，最後打上鉚釘。

❋ 製作側身袋底

19 將表側身車縫在表袋底兩側，縫份倒向側身，正面壓線固定。

20 取2.5cm寬12cm長的織帶穿入D型扣環，兩端往中心對折，雙面膠黏好備用。

21 再車縫到側身上，記得背面要用皮糠補強。

22 剪一塊比袋底還要長和寬的布。

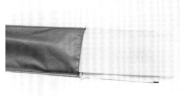

23 左右內折車壓線後，與袋底背面對齊，車縫上下，放入珍珠板。

24 側身上貼片與側身上方車合，縫份倒向下，正面壓線，完成左右兩邊。

 ✳ 製作裡袋身

25 取前後袋身分別和側身袋底正面相對，沿邊對齊用夾子夾好並車縫固定。

26 翻回正面，完成表袋身。

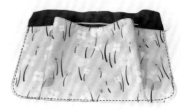

27 裡前後袋身，依需求車縫貼式口袋和一字拉鏈口袋。

28 裡中間隔層4片，2片正面相對車縫上方。

29 翻回正面壓線，再取一片裡袋身。

30 中間隔層左右邊先和裡袋身對齊夾好，中間多出的長度平均打摺倒向外，將底部夾好並疏縫固定。

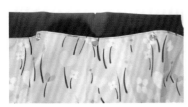

31 打上四合扣，中間是一組，左右是母扣。

32 另一片裡袋身，中間是一組，左右是公扣。（總共是4組四合扣）

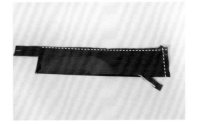

33 將中間隔層扣起來的樣子，這樣的分隔可將奶瓶、尿布分類好。

34 裡側身和裡袋底先車合，正面壓線。車好後再和裡袋身用夾子沿邊對齊固定。

35 車縫U字型，完成兩邊的接合。

36 取2片拉鏈口布夾車48cm拉鏈，口布尾端先內折好雙面膠固定，口布前端不內折。車合右邊和上方。（右邊縫份1cm，上方的縫份是0.5cm）

37 翻回正面壓線，下方疏縫固定。同作法完成另一邊拉鏈車縫。

38 取裡袋身和側身上貼片，先接合成一個圈狀。

39 上貼片再與裡袋身夾車拉鏈口布，袋口處沿邊對齊好車縫一圈。

❀ 組合袋身與製作背帶

40 將上貼片往上翻，縫份倒向上方，正面壓線固定。

41 表裡袋身正面相對套合，袋口處用夾子沿邊對齊夾好後車縫，留一段返口。

42 翻回正面，整理好袋口，再用夾子對齊夾好。

43 返口處用雙面膠將縫份內折黏貼好，袋口沿邊壓線一圈。

44 將140cm織帶先穿入日扣環後，再穿入大勾扣，回穿至日扣環車縫固定，織帶另一端穿入大勾扣後內折好車縫，完成斜背帶。

45 取76cm肩帶穿過袋身橢圓扣環後內折好車縫固定，完成2條。

46 拉鏈尾端用小牛皮包覆住，打上2顆鉚釘。

47 完成。

輕巧可愛大圓點
小提袋

大圓點分佈在小提袋上顯得大方可愛，底部為圓形抽皺，
造型簡約有設計感。

使用方式／手提、手挽

完成尺寸

寬 24cm× 高 21cm× 底寬 16.5cm（圓）

難易度／✹ ✹

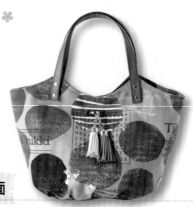

Materials 紙型❶面

用布量：（表）棉布2尺、（表）棕色合成皮1尺、（裡）尼龍布3尺。

裁布：★紙型已含縫份，棉布燙厚布襯，合成皮和尼龍布不燙襯。

部位名稱	尺寸	數量	備註
表布			
前後袋身	紙型	2片	棉布
袋底	紙型	1片	棕色合成皮
裡布			
前後內上貼	紙型	2片	表布顏色
前後下身	37.5×20cm	2片	
袋底	紙型	1片	
一字拉鏈口袋	22×7cm	1片	
一字拉鏈口袋	22×32cm	1片	使用16cm拉鏈
合成皮			
提把	37.5×1.5cm	4片（放大開）	中間拖皮糠後裁成正確尺寸
皮條	3×60cm	1條	

◎註解：（放大開）（中間拖皮糠後裁成正確尺寸）：皮依版型周圍放大3mm裁下，中間貼好皮糠後，再貼上另一片皮，這時都是放大3mm的尺寸，貼好3層（皮＋皮糠＋皮），待乾後，再依正確的尺寸裁下。這樣裁下的皮肩帶邊緣才會漂亮整齊，不會有殘膠。

其它配件：（3號）塑鋼拉鏈16cm長1條、中間裝飾五金1個、裝飾流蘇2個、6×8mm鉚釘8組、1mm厚皮糠少許、3mm細棉繩60cm長1條、磁釦1組。

How To Make

❖ 製作表袋身

1 取合成皮條包夾3mm細棉繩，疏縫固定。

2 順著圓形合成皮袋底，夾子沿邊夾好後，車縫一圈。

3 車縫到尾端時，尾端包住起頭端整理好車合。

4 前後表袋身底部依紙型位置打摺，珠針固定好後疏縫。

5 表前後袋身正面相對，車縫左右兩邊。

6 取圓形袋底，和表袋身正面相對，用夾子沿邊對齊夾好，並車縫固定。

❖ 製作裡袋身

7 裡前後下身先和裡內上貼車合，縫份倒向上，翻回正面壓線。◎裡袋身的拉鏈口袋和內口袋可依個人需求製作。

8 裡袋身兩側與袋底接合同表袋身步驟4～6作法。◎裡袋身一邊的側面要留返口。

❖ 組合袋身

9 將表裡袋身正面相對套合，袋口處對齊好車縫固定。

10 上方轉角處要剪牙口，並將縫份的襯修剪掉，翻回正面才會平順。

11 從返口翻回正面後沿邊車縫0.2cm和0.7cm兩道壓線。

12 返口縫合前記得先裝上磁釦和裝飾五金。將皮提把處理好（抹上邊油，正面車壓線），在袋身釘上鉚釘，裝上裝飾流蘇即完成。

編織綠意新生活
手拿包

運用編織形成立體格紋，亮皮的光澤能顯示出特殊質感，
使其包款更獨樹一格。

使用方式／手拿

完成尺寸

寬 32cm× 高 22cm× 底寬 1cm

難易度／✳✳✳✳

Materials 紙型❻面

用布量：（表）1mm厚超纖合成皮2尺、（裡）棉布2尺。

裁布：★紙型已含縫份，合成皮貼自黏無紡襯，棉布燙薄襯。

部位名稱	尺寸	數量	備註
表布			
前後袋身	紙型	2片	打上9mm穿皮繩的洞，穿好後貼含縫份自黏無紡襯
皮條	0.9×50cm	38條	
手握片	3.5×24cm	2片（放大開）	中間拖皮糠裁成正確尺寸
裝飾用流蘇	12×25cm	2片	
流蘇吊飾	0.7×10cm	4片（放大開）	對黏後裁成正確尺寸
裡布			
前後袋身	紙型	2片	燙不含縫份薄襯
一字拉鏈口袋	25×7cm	1片	
一字拉鏈口袋	25×35cm	1片	使用20cm拉鏈
貼式口袋	30×31cm	1片	

◎註解：（放大開）（中間拖皮糠裁成正確尺寸）：皮依版型周圍放大
3mm裁下，中間貼好皮糠後，再貼上另一片皮，這時都是放大3mm的尺
寸，貼好3層（皮＋皮糠＋皮），待乾後，再依正確的尺寸裁下。這樣裁
下的皮肩帶邊緣才會漂亮整齊，不會有殘膠。

其它配件：（5號）碼裝金屬拉鏈31cm長1條（拔牙成28cm，兩端的拉
鏈布各留1.5cm）、（3號）塑鋼拉鏈20cm長1條、3.2×3cm合成皮拉鏈
檔布2片、自黏無紡布少許、皮糠少許、2cm圓形活動五金1個。

How To Make

❀ 製作表裡袋身

1　用輪刀裁出0.9×50cm合成皮條約38條。

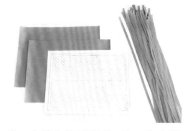

2　表袋身依紙型裁2片，拿出畫好裁洞位置的紙型，貼上表袋身，用一字斬，打出洞。（打洞請參考P63圓筒包步驟19～25）

3　表袋身如圖示一前一後穿入皮條。

4　將2片表袋身都穿好皮條。

5　把背面皮條多餘的部分剪掉。（尾端用保麗龍膠黏好固定，正面才不會跑出來。）

6　貼上自黏無紡布含縫份，依紙型裁出正確尺寸。

7　取手握片合成皮2片，放大開中間夾皮糠，用強力膠黏貼後裁出正確尺寸。

8　上下車縫壓線，抹上邊油。

9　放到表袋身紙型標示位置上，左右各車二道壓線。

❀ 製作開口拉鏈

10　前後袋身完成示意圖。

11　取前後裡袋身，分別車縫上貼式口袋和一字拉鏈口袋。

12　拿出一片表袋身，一片裡袋身和5號金屬拉鏈。

13 拉鏈31cm拔牙成28cm，左右端各留拉鏈布1.5cm，用合成皮包車拉鏈頭尾端，形成檔片。

14 將拉鏈上下貼好雙面膠，表布和裡布夾車拉鏈。（注意拉鏈頭方向）

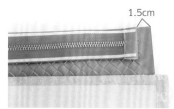

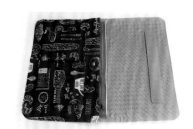

15 表布拉鏈左右各留1.5cm，表裡袋身夾車拉鏈。（縫份0.7cm）

16 夾車好一邊拉鏈的正面示意圖。

17 再來要注意，車縫正面壓線，只車拉鏈旁左右3cm的距離，而且只車表布，裡布不要車到。（後面步驟會解釋為什麼要這樣做）

18 翻回正面車縫壓線，這時候表裡布都要車到。

19 後面頭尾端是沒車到裡布的壓線。（待會車合袋身時才能把裡布倒向表布上）

20 同作法完成另一邊拉鏈車縫。

❀ 組合袋身

21 先將袋身翻成表布對表布正面，裡布對裡布正面。

22 把裡布往上倒向表布那面。這樣車合好的側身，翻出的袋型才會漂亮，拉鏈才會順，不會拋拋的。◎這就是有一段裡布沒車壓線的原因，裡布才能倒向表布。

23 用強力夾沿邊對齊固定。

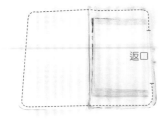
24 順著夾子車縫一圈，但裡布底部要留返口，圓弧的地方要剪牙口。

25 翻回正面，整理好袋型。

26 裡袋身返口處記得用手縫藏針縫固定。

27 取裝飾用流蘇，上方往下2.5cm開始裁切間距0.5cm的流蘇線；吊飾中間車縫壓線。

28 製作好流蘇。（請參考P65圓筒包步驟35～38，但此流蘇上方是做成2個吊環）

29 用圓形活動五金穿過流蘇，掛到包包上裝飾即完成，活動五金可隨時拆下。

Part 5

運動潮流‧中性魅力款

運動不僅可以維持良好體態、舒展筋骨，還能打造健康陽光的形象，因而引起熱潮。背著手作包去運動，展現出動靜皆宜的一面吧！

魅力百搭雙拼色
後背包

雙色拼接簡單俐落有設計感，不只流行富變化，
還結合單色耐看好搭的優點。

後袋身有大口袋，貼身隱密性高。

前袋身斜拉鏈口袋設計，實用又新潮。

使用方式／後背

完成尺寸

寬 30cm× 高 35cm× 底寬 12cm

難易度／✿✿✿✿

Materials 紙型❶面

用布量：（表）0.8mm厚合成皮黑色／棕色各1尺半、（裡）提花棉布3尺。

裁布：★紙型已含縫份，合成皮貼自黏泡棉，厚提花棉布不燙襯。

部位名稱	尺寸	數量	備註
表布			
前袋身上	紙型	1片	棕色
前袋身下	紙型	1片	黑色
前拉鏈檔布	3.2×6cm	4片	
後袋身	紙型	1片	
後拉鏈口袋	紙型	1片	
袋底	14×32cm	1片	
表拉鏈口布上	紙型	1片	
表拉鏈口布下	紙型	1片	
拉鏈口布飾片	紙型	2片	正反各1
三角背帶飾片	紙型	2片	
裡布			
前袋身下	紙型	1片	
前袋身（整片）	紙型	1片	
後袋身	紙型	1片	
後拉鏈口袋	紙型	1片	
袋底	14×32cm	1片	
拉鏈口布上	紙型	1片	
拉鏈口布下	紙型	1片	
拉鏈口布飾片	紙型	2片	正反各1
一字拉鏈口袋	25×7cm	1片	
一字拉鏈口袋	25×45cm	1片	使用20cm拉鏈

其它配件：（5號）金屬拉鏈46cm（拔牙成38cm，兩端的拉鏈布各留4cm）1條、（5號）金屬拉鏈47cm
（拔牙成42cm，兩端的拉鏈布各留2.5cm）1條、（3號）塑鋼拉鏈20、30cm各1條、2.5cm寬織帶25cm長
1條、3.8cm寬織帶12cm、100cm長各2條、4cm日扣環2個、4cm方扣環2個、2.5cm包邊帶230cm長1條、
皮糠少許、2mm自黏泡棉少許、自黏無紡布少許。

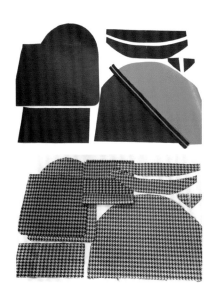

How To Make

製作前袋身拉鏈口袋

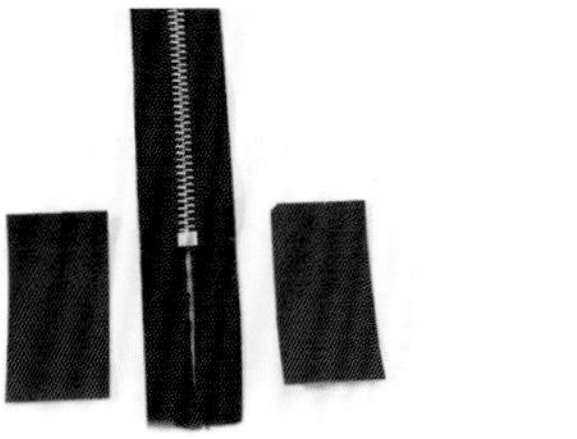

1 取（5號）金屬拉鏈46cm，拔牙成38cm，兩端拉鏈布各留4cm，裝好拉鏈頭和拉鏈止。再取拉鏈檔布。

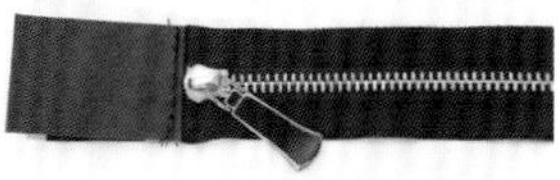

2 將檔布夾車拉鏈兩端，翻回正面壓線固定。

3 取表、裡前袋身下夾車拉鏈，縫份車縫0.7cm。

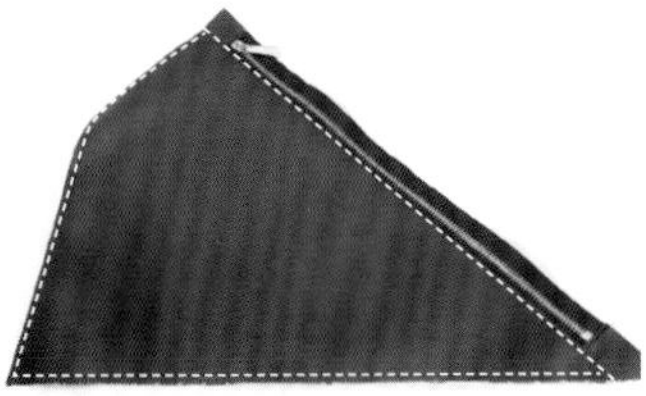

4 翻回正面，沿拉鏈邊壓線，再將表裡前袋身一起車縫。

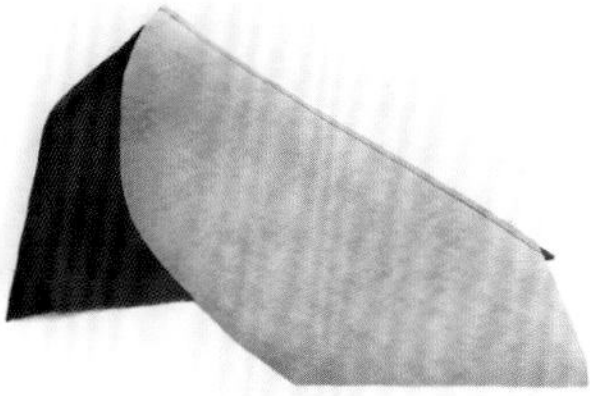

5 取表前袋身上和拉鏈車合。
◎注意這邊沒裡布，單表布車拉鏈。

6 翻到背面，上下袋身先貼好不含縫份自黏泡棉。

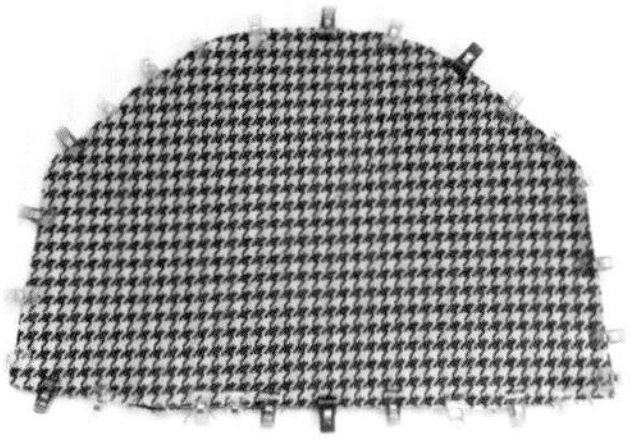

7 再取整片裡前袋身背面相對擺上，夾子暫固定。

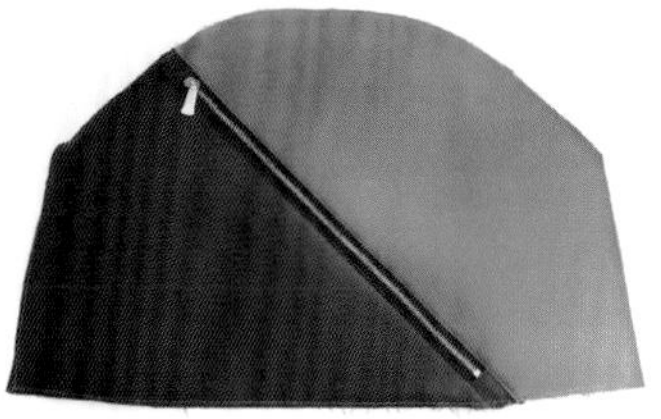

8 翻回正面車縫拉鏈另一邊壓線，因為上方沒要做成口袋，所以表裡布車合一起。將拉鏈打開，下方會形成一個大口袋。外圍疏縫，底部要和袋底車合不用疏縫。

製作拉鏈口布

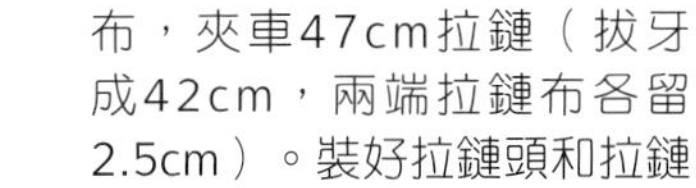

9 取表裡拉鏈口布上，合成皮（表）貼不含縫份自黏無紡布，夾車47cm拉鏈（拔牙成42cm，兩端拉鏈布各留2.5cm）。裝好拉鏈頭和拉鏈止。

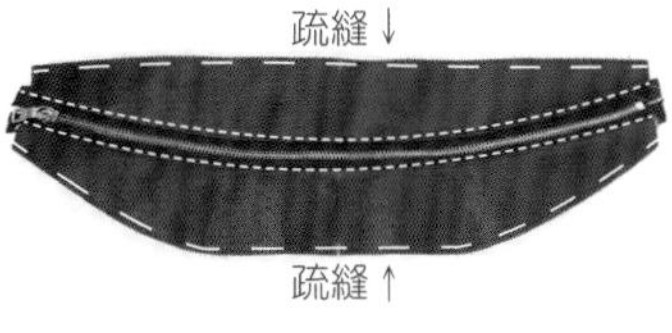

10 翻回正面壓線，再取表裡拉鏈口布下夾車拉鏈，翻正壓線後疏縫口布另一邊固定。

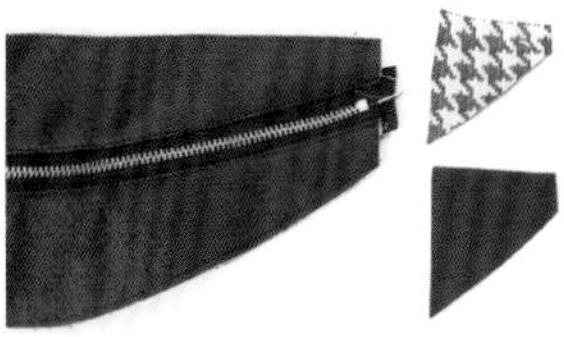

11 取左右拉鏈口布飾片，夾車拉鏈頭尾端。

12 一樣翻回正面壓線，周圍疏縫固定。

❋ 接合袋底與拉鏈口布

13 取裡袋底和裡袋身底部單獨
先車合。

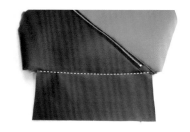

14 折起來再車合袋底左右。
（都只有車裡布的部分）

15 換表袋底和表袋身底部單獨
車合，袋底翻正後兩端留縫
份壓線一道。

16 再折起來車合袋底左右邊。
裡袋和裡袋底車，表袋和表
袋底車。

17 翻回正面，整理袋型。（可
用膠槌，槌一下定型）

18 取拉鏈口布和表袋身正面相
對，夾子固定好後車縫。

19 再將縫份用包邊布包夾車縫
固定。

20 翻回正面，整理好袋型。

21 袋底放入皮糠。

❋ 製作後袋身

22 取表裡後袋身拉鏈口袋夾車
拉鏈，翻回正面壓線。

23 取表後袋身，背面先貼上不
含縫份泡棉。

24 後袋身翻回正面，依紙型位
置畫出口袋拉鏈記號線。

25 拉鏈黏在下面那條線的位置，再將布往上翻，車縫拉鏈一道。然後口袋布對齊剛畫的另一道線再往下折。

26 布往下折會呈現看不到拉鏈的樣子（隱形拉鏈口袋），周圍沿邊對齊用夾子夾好後疏縫。

✻ 製作後背帶

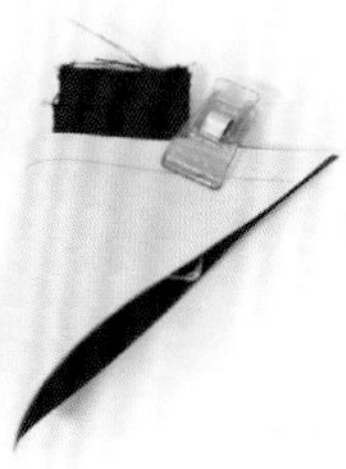

27 取寬3.8cm長12cm的織帶套入方扣環，再取三角背帶飾片對折夾車。（縫份1cm）

28 翻回正面壓線，完成2個。

29 將三角飾片放到表後袋身下方處車縫固定。再將寬3.8cm長90cm的織帶2條，依紙型位置車縫。

30 剪一片7×30cm的合成皮，上下先用雙面膠黏好，貼在織帶接合的位置上，兩邊壓線固定。

31 取寬2.5cm長25cm的織帶，依紙型標示位置車縫在上方，形成背包提把。

✻ 組合袋身

32 將裡後袋身先車好一字拉鏈口袋，再和表後袋身背面相對周圍車縫一圈。

33 在還沒接合後袋身時，可先將織帶套入日扣環固定，會比較容易車縫。

34 將前袋身和後袋身正面相對，先用強力夾沿邊對齊夾好，再車縫固定。

35 用包邊布將縫份包車一圈。

36 翻回正面，整理好袋型即完成。

雙色英字設計感
小方包

用雙色與英文字做創作，獨特又有含義，
正反面怎麼翻轉都好看，可依喜好英文字變化包款。

使用方式／手提

完成尺寸

寬 27cm× 高 19.5cm× 底寬 13cm

難易度／

Materials 紙型D面

用布量：（表）1mm厚合成皮2色各2尺、（裡）斜紋棉布3尺。

裁布：★紙型已含縫份，合成皮和厚斜紋棉布皆不燙襯。

部位名稱	尺寸	數量	備註
表布			
前後袋身	紙型	2片	貼自黏無紡布／泡棉
2mm厚自黏泡棉	26×19cm	2片	
M英文字片	紙型	1片	
Y英文字片	紙型	1片	
拉鏈檔片	紙型	4片	貼自黏無紡布後2片對黏成2份
拉鏈口袋飾片	紙型	1片（放大開）	拖皮糠後裁成正確尺寸
提把	紙型	4片（放大開）	拖皮糠後裁成正確尺寸
裡布			
前後袋身	紙型	2片	
一字拉鏈口袋	22×7cm	1片	
一字拉鏈口袋	22×30cm	1片	使用16cm拉鏈
貼式口袋	21×28cm	1片	

◎註解：（放大開）（拖皮糠後裁成正確尺寸）：皮依版型周圍放大3mm裁下，貼好皮糠後，再貼上另一片皮，這時都是放大3mm的尺寸，貼好3層（皮＋皮糠＋皮），待乾後，再依正確的尺寸裁下。這樣裁下的皮肩帶邊緣才會漂亮整齊，不會有殘膠。

其它配件：（5號）金屬拉鏈53cm長1條、（3號）塑鋼拉鏈16cm長1條、1mm厚皮糠（拖提把用）、2mm厚皮糠（拖袋底用）、五金拱橋2個、12mm腳釘5個。

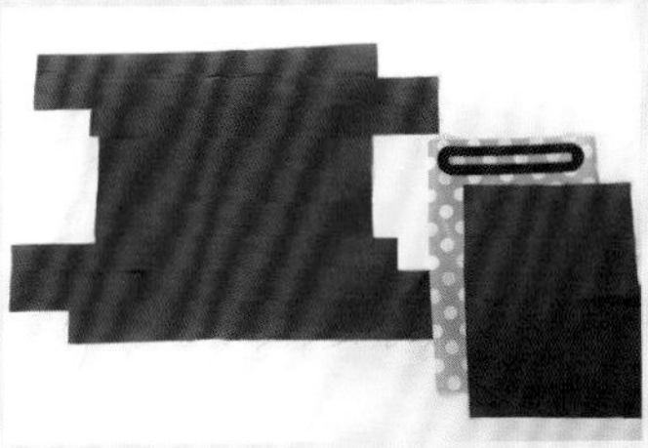

How To Make

❀ 製作表裡袋身

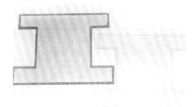

1 取表袋身先貼一層不含縫份自黏無紡布，再貼上一層含縫份的。

2 可依個人喜好裁剪想要的英文字片，並在袋身中心畫上位置記號。

3 英文字先用雙面膠暫時固定在袋身上，順沿著英文字邊車縫壓線，完成前後袋身。

❀ 製作拉鏈口布與提把

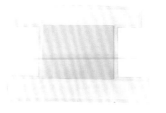

4 前後袋身背面中間再貼上26×19cm自黏泡棉。

5 將裡前後袋身依個人需求車縫上內裡口袋。

6 取裁成正確尺寸的提把，2片對齊車縫壓線，並抹上邊油。◎提把車壓線時前端是不車的，待放到袋身上再一起壓線。

7 取一片表袋身，上方與拉鏈正面相對，並車縫拉鏈，注意拉鏈方向，不要車錯了。

8 翻回正面壓線。另一片袋身同作法與拉鏈車合。

9 拿出袋身紙型，畫上提把位置記號。

❀ 車合表袋身

10 提把背面先貼上雙面膠，再放到表袋身上並車縫好。

◎記得後面要放一塊皮糠，一起車縫，提把強度才夠。合成皮用一般工業縫紉機就車的動了。

11 表前後袋身正面相對，下方車縫。

12 將袋身下方和上方拉鏈兩側對齊，夾子夾好，並車縫固定。

13 再抓起袋身側邊，對齊好車縫，共完成四邊。

14 翻回正面，袋底貼上皮糠。

15 依底板紙型標示位置釘上5組腳釘。

16 拉鏈兩側邊先手縫上拉鏈檔片，再裝上五金拱橋。

✽ 製作裡袋身

17 將前後裡袋身上方先往下折1cm，珠針固定後，正面車縫壓線。

18 取前後裡袋身正面相對，車縫下方一道。

19 將上方拉鏈處往下方接合線對折，對齊兩邊夾子夾好後車縫固定。

✽ 組合袋身

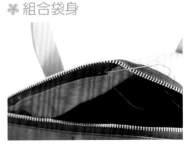

20 再抓起袋身側邊，對齊好車縫，共完成四邊。

21 將表裡袋身背面相對套合，裡袋身上方與拉鏈邊對齊藏針縫合。

22 整理好袋型即完成。

此作法是表袋身和裡袋身分別先做好，再用手縫組合在一起；也有另一個方法是表裡布夾車拉鏈，側邊一起車合再包邊的作法，可依自己習慣的方式製作。

夢想啟程遊世界
地圖包

做一個偉大且多采多姿的夢，即使遙不可及，
也能給予你向未來前進的希望與勇氣。

使用方式／肩背、手提

完成尺寸

寬 38cm× 高 30cm× 底寬 14cm

難易度／✻ ✻ ✻ ✻

Materials 紙型**D**面

用布量：（表）防水布2尺、（裡）牛仔布3尺。

裁布：★紙型已含縫份，防水布、牛仔布不燙襯。

部位名稱	尺寸	數量	備註
表布			
前後袋身	紙型	2片	
裡布			
前後袋身下	紙型	2片	
前後內上貼	紙型	2片	表布顏色
表袋身拉鏈口袋	20×30cm	1片	使用15cm拉鏈
一字拉鏈口袋	26×7cm	1片	
一字拉鏈口袋	26×38cm	1片	使用20cm拉鏈
貼式口袋	30×38cm	1片	
中間拉鏈隔層	38×23cm	4片	使用32cm拉鏈
拉鏈檔布	3×4cm	4片	
真皮提把（1.2mm厚牛皮）			
袋身拉鏈飾片	紙型	1片（放大開）	後面拖皮糠黏好後裁成正確尺寸
提把	紙型	2片（放大開）	後面拖pvc黏好後裁成正確尺寸
提把飾片	2.3×10cm	4片（放大開）	後面拖pvc黏好後裁成正確尺寸
寬肩帶	紙型	2片（放大開）	中間拖皮糠黏好後裁成正確尺寸
寬肩帶前端	2.5×10cm	2片（放大開）	後面拖皮糠黏好後裁成正確尺寸
真皮提把（0.8mm厚牛皮）			
提把背面下	紙型	4片	和前面長提把黏好後裁成正確尺寸

◎註解：（放大開）（中間拖皮糠黏好後裁成正確尺寸）：皮依版型周圍放大3mm裁下，中間貼好皮糠後，再貼上另一片皮，這時都是放大3mm的尺寸，貼好3層（皮＋皮糠＋皮），待乾後，再依正確的尺寸裁下。這樣裁下的皮肩帶邊緣才會漂亮整齊，不會有殘膠。

其它配件：（3號）塑鋼拉鏈20、32cm各1條、（5號）金屬拉鏈15cm長1條、2.5cm織帶46cm長2條、2.5cm D扣環2個、2.5cm橢圓扣環4個、2.5cm大掛勾2個、18mm磁釦1個、8×12mm鉚釘12組。

How To Make

❋ 製作袋身皮飾拉鏈

1 表前袋身依紙型位置裁出拉鏈的開口,袋身拉鏈飾片(牛皮)依紙型裁下並抹好邊油。

2 將袋身拉鏈飾片,用雙面膠固定在前袋身上。

3 拉鏈用雙面膠黏貼在拉鏈飾片後面。正面沿著皮飾片邊緣車縫壓線。

4 翻到背面,拉鏈如圖示用雙面膠黏好。

5 拉鏈口袋正面朝上,貼在拉鏈下方。

6 翻回正面,先車縫皮飾片,拉鏈下方那道線。(這時拉鏈口袋布是朝上的)

7 再翻到背面,將拉鏈口袋布往下折再往上折,對齊黏貼在拉鏈上方。

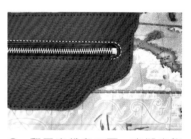

8 翻回表袋身正面,車縫皮飾片拉鏈上方未車到的部分。

❋ 接合前後袋身

9 翻到袋身背面,車縫拉鏈口袋左右兩側。

10 拿出另一片表後袋身,和表前袋身正面相對,車縫1cm縫份。

11 翻回正面,用骨筆刮一下。取2.5cm織帶上面穿好D扣環,中心對齊在接合線由上往下2.5cm處,用雙面膠黏貼好,沿邊車縫壓線。

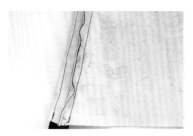  

12 翻到背面，織帶的壓線是沒壓到縫份的。

13 另一邊同作法車合，並車上2.5cm織帶。◎此時袋子已成圓桶狀，織帶並不好車，請慢慢車縫。

14 袋身底部畫上距離縫份8cm的記號線。

15 將左右往記號線折，夾子固定好。

16 沿著夾子夾的地方車縫底部1cm縫份。

17 車好底部，翻回正面後，會形成圖示往內凹的形狀。

✤ 製作裡袋身

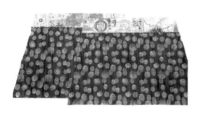  

18 取裡袋身下片，先和裡內上貼車合。縫份倒向下，正面壓線，完成裡前後袋身。

19 裡前後袋身依個人需求分別車縫貼式口袋和拉鏈口袋。

20 取32cm拉鏈，頭尾端車縫好拉鏈擋布，正面如圖示貼上雙面膠。

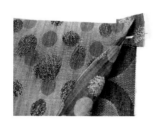  

21 將2片裡中間拉鏈隔層夾車一邊拉鏈。

22 翻回正面壓線，同作法夾車另一邊拉鏈。

23 車好後往下翻，用夾子對齊夾好兩邊，先疏縫固定。

24 取裡前後袋身正面相對,夾車中間拉鏈隔層,一邊對齊好車縫。

25 同作法夾車另一邊。

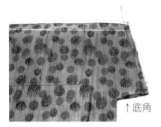

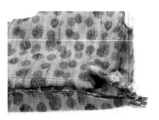

26 圖示畫記號線是待會要車縫底角的位置。

↑底角

27 裡前後袋身底部先和中間拉鏈隔層底部對齊夾好。

28 車縫好袋底後,再將左右底角對齊,用夾子暫固定。

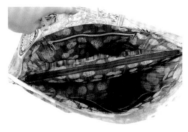

分二段車縫

29 底角分段車合,不車縫到袋底縫份。

30 完成裡袋中間拉鏈隔層。

✽ 製作提把飾片扣環

31 取2.5cm橢圓扣環4個、提把飾片4片,托pvc抹好邊油。

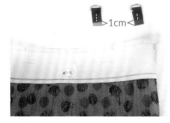
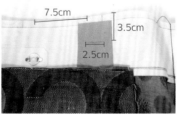

1cm

32 提把飾片穿入橢圓扣環對折,一邊多出約1cm,車縫中間一段固定。裡袋身內上貼中心位置裝好磁釦。

7.5cm
3.5cm
2.5cm

33 並在中心往左右各7.5cm,由上往下3.5cm處橫向割出2.5cm的洞,背面要用皮糠補強。

34 再把提把飾片裝到洞裡,正面車縫壓線。

35 裡前後袋身共完成4組。

✱ 組合袋身

36 取表裡袋身正面相對套合，袋口處對齊用夾子夾好。

37 車合袋口，只車2/3，留1/3返口。

✱ 製作提把和背帶

38 翻回正面，整理好袋型，返口處用雙面膠折黏好，袋口正面壓線一圈。

39 製作好牛皮提把。◎請參考P10真皮提把（二）作法。

40 打上提把飾片的鉚釘，需表裡袋身一起釘合。

41 提把穿過橢圓扣環，打上鉚釘固定。

42 寬肩帶做成2面不同色。咖啡色和蛇紋皮依紙型放大開各1片，中間托皮糠，對齊黏好後裁成正確尺寸。前端2片放大開托皮糠。

43 寬肩帶和前端周圍分別先抹上邊油，再車縫壓線。

44 前端2片穿好大掛勾後，分別用鉚釘固定在寬肩帶兩端。

45 將寬背帶扣在兩側即完成。◎當肩背使用時，短提把可收進袋身裡。

崇尚自由輕旅行
後背包

百搭有型後背包，無論是想放鬆走走的輕旅行
或揹著它去上班上課都合適。

使用方式／後背

完成尺寸

寬 27cm× 高 30cm× 底寬 13cm

難易度／✲✲✲✲

Materials 紙型❶面

用布量：（表）黑色尼龍布3尺、（裡）棉布2尺、合成皮0.8mm厚1尺、1.2mm厚皮糠少許。

裁布：★紙型已含縫份，尼龍布不燙襯，棉布燙薄布襯。

部位名稱	尺寸	數量	備註
表布			
前袋身	52×33cm	1片	
後袋身	27×33cm	1片	
袋蓋	紙型	2片	
前立體口袋	紙型	2片	
袋底	紙型	1片	底貼皮糠依紙型往內縮5mm
三角背帶插片	紙型	2片	
裡布			
前後內上貼	9×39.5cm	2片	表布顏色
前後下袋身	26×39.5cm	2片	
袋底	紙型	1片	
一字拉鏈口袋	25×7cm	1片	
一字拉鏈口袋	25×42cm	1片	使用20cm拉鏈
貼式口袋	30×35cm	1片	
合成皮（黑色0.8mm厚合成皮）			
中間提把	2.5×22cm	2片（放大開）	中間拖皮糠黏好後裁成正確尺寸
背帶	3.6×35cm	2片	
束口帶繩	3×100cm	1片	
束口飾片	3.5×7.5cm	1片	

◎註解：（放大開）（中間拖皮糠黏好後裁成正確尺寸）：皮依版型周圍放大3mm裁下，中間貼好皮糠後，再貼上另一片皮，這時都是放大3mm的尺寸，貼好3層（皮＋皮糠＋皮），待乾後，再依正確的尺寸裁下。這樣裁下的皮肩帶邊緣才會漂亮整齊，不會有殘膠。

其它配件：（3號）塑鋼拉鏈20cm長1條、（5號）金屬拉鏈17cm長1條、3.8cm織帶（90或100cm長）2條、3.8cm織帶10cm長2條、4cm日扣環2個、4cm方扣環2個、17mm雞眼釦8組、磁釦1組。

How To Make

❋ 製作前立體口袋

1 先剪2塊合成皮2.5×3cm，車在拉鏈頭尾兩端當檔布。

2 取前立體口袋2片正面相對夾車拉鏈。

3 再車縫立體口袋4個底角。

4 將立體口袋正面相對，夾子固定後車縫口袋周圍，並留一段返口。

5 翻回正面，整理好袋型，口袋拉鏈下方2mm處車縫壓線。

6 前袋身中心由下往上6cm作記號，將口袋拉鏈另一邊用雙面膠暫固定後車縫。◎立體口袋先裝上磁釦母釦。

❋ 製作袋蓋

7 將口袋下翻對齊記號線，用3mm雙面膠暫黏固定，再沿邊車縫一圈，完成前立體口袋。

8 取袋蓋，其一片中間車縫織帶裝飾。

❋ 接合表袋身與袋底

9 與另一片袋蓋正面相對，車縫U字型，圓弧處剪牙口。

10 翻回正面，沿邊2mm處壓車線，完成袋蓋。

11 將10cm織帶穿入方扣環後對折，取三角背帶插片對折，上方包夾車織帶。右邊是翻回正面的樣子。

12 取表前袋身和後袋身正面相對，車縫側邊，三角插片也要一起車縫固定。

13 另一邊同作法夾車三角插片，車好後形成圓筒狀。

❋ 製作裡袋身

14 取表袋底，與袋身底部正面相對，用夾子沿邊對齊夾好後車縫一圈。

15 翻回正面，袋底貼上皮糠。（皮糠尺寸依袋底紙型往內縮5mm）

16 取前後內上貼和下袋身車縫好，縫份倒向下正面壓線。

17 再依個人需求車縫上貼式口袋和拉鏈口袋。

18 將2片裡袋身正面相對，車縫左右兩側。

19 再取裡袋底與袋身底部沿邊對齊車縫一圈。

❋ 製作後背帶與組合袋身

20 取3.8×90cm織帶2條，合成皮3.6×35cm背帶2條、2.5×22cm中間提把2條，和2個4cm日扣環，準備製作後背帶和提把。

21 中間提把合成皮放大開，合成皮背面塗強力膠，皮糠2面也塗上強力膠，再將皮糠黏在合成皮中間，黏好後裁成正確尺寸車縫壓線。

22 合成皮3.6×35cm背帶車縫在織帶上裝飾，共完成2條。

23 將完成的中間提把車縫在後袋身中心往左右各3cm處，背帶車縫在提把旁固定。

24 再將袋蓋正面相對，中心對齊車縫上。

25 取表裡袋身正面相對套合，袋口處沿邊對齊並用夾子固定，車縫一圈，要留返口。
◎直接從袋口翻回正面，這作法可省去裡袋留返口，還要藏針縫合的動作。

26 翻回正面整理好袋型，返口處用雙面膠黏合固定，再車縫袋口邊緣2mm壓線一圈。

27 袋身依圖標示間距打上雞眼釦，共完成8組。

28 束口帶作法和水桶包束口帶一樣。（請參考P8步驟2～5作法）

29 將後背帶分別穿入日扣環。

30 再穿入袋身下方的口扣環，最後回穿進日扣環。

31 將後背帶尾端內折，於夾子夾合位置處車縫固定。

32 車縫好兩邊的後背帶即完成。

輕鬆休閒運動風
單肩背包

率性輕巧的斜肩背包，讓你輕鬆自在的移動，
不會造成負擔，快跟著潮流一起瘋運動吧！

使用方式／斜肩背

完成尺寸

寬 16cm× 高 43cm× 底寬 6cm

難易度／✽ ✽ ✽ ✽

Materials 紙型D面

用布量：（表）尼龍布3尺、防水布1尺、（裡）薄尼龍布2尺、
珍珠棉1尺、網狀布1尺。

裁布：★紙型已含縫份，尼龍布不燙襯。

部位名稱	尺寸	數量	備註
表布			
前袋身	紙型	2片	
前口袋	16.5×21.5cm	1片	
口袋袋蓋	紙型	2片	
中間隔層	紙型	1片	
側身上拉鏈口布	紙型	1片	
側身下	紙型	1片	
肩帶	紙型	2片	
肩帶網狀布	紙型	1片	
肩帶下插片	紙型	2片	正反各1
後袋身	紙型	1片	
後袋身網狀布	紙型	1片	
裡布			
前口袋	16.5×21.5cm	1片	
中間隔層	紙型	1片	
側身上拉鏈口布	紙型	1片	
側身下	紙型	1片	
後袋身	紙型	1片	
後貼式口袋	紙型	1片	
珍珠泡棉			
中間隔層	紙型	1片	
後袋身	紙型	1片	
肩帶	紙型	1片	

其它配件：（5號）碼裝塑鋼拉鏈60cm長1條、2.5cm寬織帶
10cm長2條、18、58cm長各1條、2.5cm寬肩帶包邊布90cm
長、包邊布（人字帶）210cm長、塑膠插扣（書包扣）2組、四
合扣1組。

How To Make

❋ 製作前口袋

1 取前口袋表裡布正面相對，縫份0.7cm上下先車合。

2 取口袋袋蓋2片，正面相對，依圖示畫線車縫，圓弧處剪牙口。

3 袋蓋翻回正面沿邊壓線。

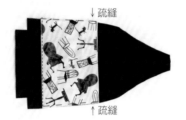

4 前口袋也翻回正面，上方壓線。

5 再將前口袋放到前袋身上（依紙型位置），口袋下方一起車縫壓線，左右側疏縫固定。

6 口袋袋蓋放置在前口袋上方，先車縫份0.5cm後，再往上折翻車縫0.5cm壓線。

❋ 製作前袋身

7 前口袋和口袋袋蓋中心在相對應位置打上四合扣。

8 取另一片前袋身、10cm長織帶和塑膠插扣。

9 前袋身下方左右車縫底角。

❋ 製作中間隔層

10 織帶套入塑膠插扣對折，擺放在前袋身上方，織帶突出約1.5cm疏縫。將2片前袋身正面相對，用珠針沿邊對齊固定，從左邊止點車縫到右邊止點。

11 翻回正面，用骨筆整理好袋型，車縫壓線。

12 取中間隔層表布、裡布和珍珠泡棉各一片。

13 表裡中間隔層背面相對疏縫一圈，留一個可放入泡棉的開口，放入泡棉後再疏縫起來。◎注意表裡布不是正面對正面車縫，因為沒有要翻面，所以是表布背面對裡布背面疏縫。

14 前袋身和中間隔層一起疏縫夾子夾的部分。◎注意是從剛剛表袋身止點處開始往下疏縫。

15 取貼式口袋先對折壓線，再擺放到裡後袋身上，對齊好疏縫U字型。

✿ 製作側身

16 由下到上將裡後袋身、表後袋身和後袋身網狀布，三片對齊先疏縫，留一段可放入泡棉的開口，將泡棉置入在表裡袋身夾層後再疏縫起來。

17 側身拉鏈口布表裡夾車60cm拉鏈。◎注意方向，是夾在圓弧距離比較短的那一邊喔！

18 翻回正面，沿拉鏈邊緣壓線固定。

19 取表裡側身下，夾車拉鏈口布，先車縫一邊，翻回正面壓線。

20 再夾車另一邊，並翻回正面壓線，車好後形成圓圈狀。

✿ 製作肩背帶

21 取2片肩帶下插片，正面相對，短邊夾車58cm織帶，車縫左邊ㄈ型（三邊）位置。

22 翻回正面，沿邊壓線，織帶穿入塑膠插扣後，前端內折好車縫固定。

23 車好的肩帶下插片，依紙型標示位置疏縫在前袋身。

24 將10cm織帶套入塑膠插扣，收邊車縫在肩帶表布上。

25 由下到上將2片肩帶表布和肩帶網狀布對齊一起疏縫，留一段可放入泡棉的開口，將泡棉置入在2片表肩帶夾層後再疏縫起來。

26 取2.5cm寬肩帶包邊布90cm長，包車肩帶表布外圍，下方直線邊不須包車。

27 取織帶長18cm穿入另一邊插扣，一端內折好壓線。

28 再疏縫到肩帶另一端（直線邊）上。

✿ 組合袋身

29 後袋身上方如圖示疏縫上肩帶。◎注意後袋身的方向，和肩帶擺放位置，不要車錯邊喔！

30 取前袋身和拉鏈側身，拉鏈側身和袋身的中間隔層正面相對，夾子沿邊夾好後車縫一圈固定。◎注意拉鏈中心點要對好，才不會車歪。

31 拉鏈側身另一邊車縫後袋身，一樣先用夾子對齊夾好後再車縫。

32 取包邊布包車好前後袋身兩邊的縫份。

33 翻回正面，整理好袋型即完成。總共2組塑膠插扣，肩帶上方和前袋身扣合，肩帶下方和側身扣合。

國家圖書館出版品預行編目（CIP）資料

打造名牌質感手作包／施妙宜編. -- 初版. -- 新北市：飛
天手作, 2017.09
　　面；　公分. --（玩布生活；20）
　ISBN 978-986-94442-2-4（平裝）

1.手工藝　　2.手提袋

426.7　　　　　　　　　　　　　　106014012

玩布生活20

打造名牌質感手作包

編　　　者／施妙宜（由美）
總 編 輯／彭文富
編　　　輯／潘人鳳
美術設計／曾瓊慧
攝　　　影／詹建華
紙型繪圖／菩薩蠻數位文化

出版者／飛天手作興業有限公司
地址／新北市中和區中山路2段391-6號4樓
電話／(02)2222-2260・傳真／(02)2222-2261
廣告專線／(02)22227270・分機12 邱小姐
部落格／http://cottonlife.pixnet.net/blog
Facebook／https://www.facebook.com/cottonlife.club
E-mail／cottonlife.service@gmail.com
■發行人／彭文富
■劃撥帳號／50141907　■戶名／飛天出版社
■總經銷／時報文化出版企業股份有限公司
■倉　　庫／桃園縣龜山鄉萬壽路二段351號
初版／2018年08月
定價／380元
ISBN／978-986-94442-2-4

紙型索引

紙型 A 面

P14. 白牆上的彩繪磚－雙拉鏈包　10 張

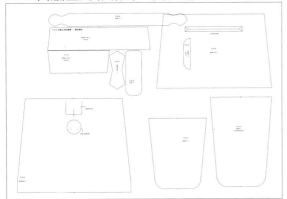

P30. 貴族氣質學士風－側肩包　10 張

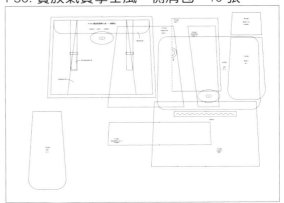

P20. 亮麗吸睛胭脂紅－絲巾包　11 張

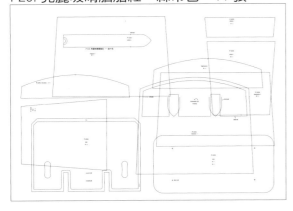

P40. 古典黑玫瑰壓紋－水桶包　1 張

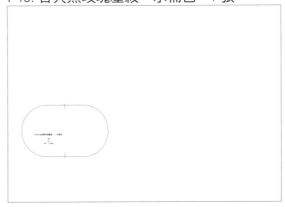

P25. 經典不敗千鳥紋－肩背包　8 張

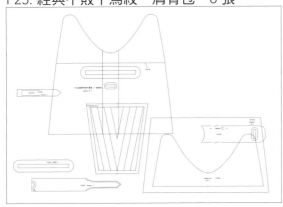

P50. 高雅時尚精品盒－口金包　1 張

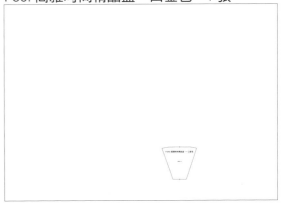

紙型 B 面

P34. 低調奢華紫藤色－長夾　17 張

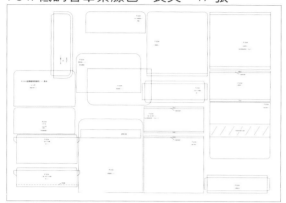

P60. 純淨的奇幻森林－圓筒包　6 張

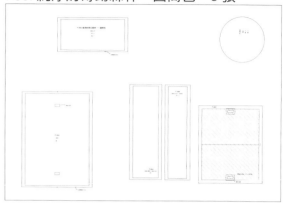

P44. 悠閒的午後時刻－雙層包　6 張

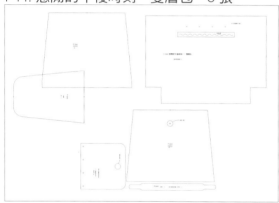

P71. 絕美意境山茶花－口金包　1 張

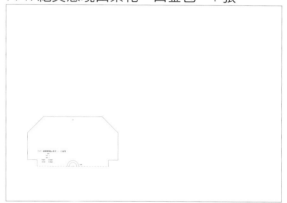

P54. 高尚貴氣珍珠紅－貝殼包　12 張

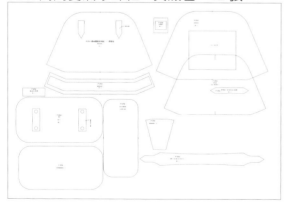

紙型 C 面

P66. 質感交織細格紋－三層包　7 張

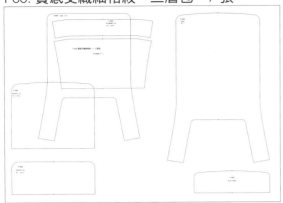

P92. 優雅迷人小花貓－打摺包　5 張

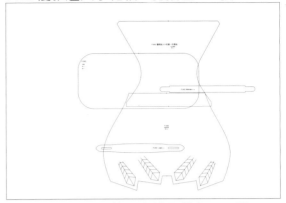

P74. 繽紛的日式花卉－鈴鼓包　8 張

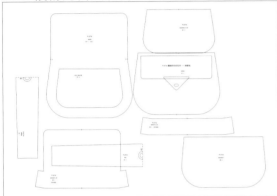

P96. 月夜下的櫻花－卡片收納包　6 張

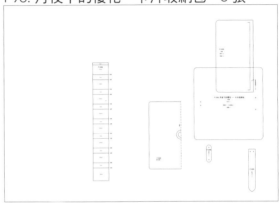

P80. 陽光下的花果田－相機包　7 張

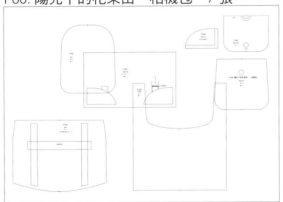

P102. 美好的幸福時光－媽媽包　5 張

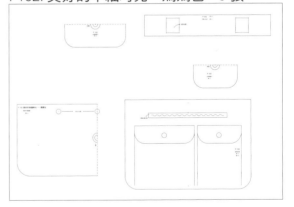

P88. 簡約英式海軍風－肩背包　6 張

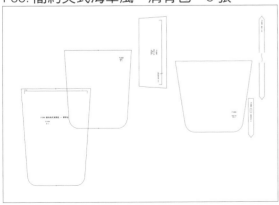

紙型 D 面

P109. 輕巧可愛大圓點－小提袋　3 張

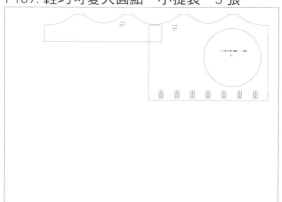

P128. 夢想啟程遊世界－地圖包　6 張

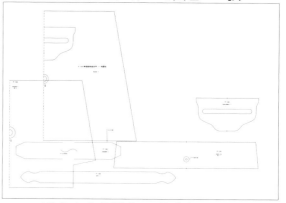

P112. 編織綠意新生活－手拿包　2 張

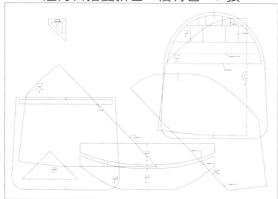

P134. 崇尚自由輕旅行－後背包　4 張

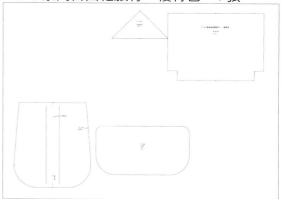

P118. 魅力百搭雙拼色－後背包　9 張

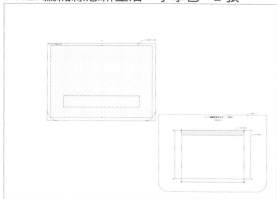

P139. 輕鬆休閒運動風－單肩背包　12 張

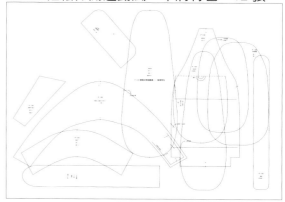

P124. 雙色英字設計感－小方包　7 張

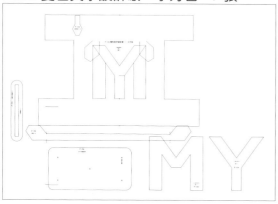